ENGELCHEN & BENGELCHEN

RETRIEVER GESCHICHTEN

Buchidee von Carsten Schröder

GELEITWORT ~

„Man kann auch ohne Hund leben, aber es lohnt sich nicht", sagte Heinz Rühmann – dieses Buch gibt ihm wieder einmal recht.

DIPLOM-SOZIALPÄDAGOGIN TATJANA KREIDLER
1. Vorsitzende von VITA e. V. – Verein für Assistenzhunde

Amüsant verpackt in kleinen Geschichten schildert es die vielen Glücksmomente, aber auch die Aufregung, die ein Leben mit Hund mit sich bringt. Hunde sind ganz besondere Wesen, unbestechlich, treu, und sie stecken voller Überraschungen. Da ist Labrador DONALD, der seine Besitzerin sehr schnell davon überzeugt, dass Gummistiefel praktischer sind als Pumps, oder DUNLIN, der Golden-Rüde, der mit seinem Auftritt eine ganze Schulklasse verzaubert. Retriever TEX rettet einen Welpen vor dem Ertrinken und für Rettungshündin PAULA gerät eine Übung in unwegsamem Gelände zum Ernstfall.

Es sind Geschichten, die das (Hunde-) Leben schreibt, Geschichten, die CARSTEN SCHRÖDER zusammengetragen hat. Die Menschen, die er als langjähriger Leistungsrichter im DEUTSCHEN RETRIEVER CLUB traf, haben sie ihm erzählt. Daraus ist dieses Buch entstanden. HENNY MARCUSSEN, ein Richter-Kollege, der CARSTEN SCHRÖDER gut kennt, beschreibt ihn als einen fairen, freundlichen, bescheidenen und einfühlsamen Menschen. Einer, der bereit ist, sich für eine gute Sache zu engagieren.

Wie wahr: Bei einer Retrieverprüfung im Jahre 2008 hat er VITA kennengelernt – einen Verein, der Assistenzhunde für Menschen mit Behinderung ausbildet. CARSTEN SCHRÖDER war beeindruckt und berührt von den Teams – den Rollifahrern und ihren vierbeinigen Partnern, deren Beziehung so spürbar intensiv und harmonisch ist. Spontan entschloss er sich, den Erlös des Buches an VITA zu spenden.

Mich hat diese Entscheidung zutiefst beeindruckt. CARSTEN SCHRÖDER hat nicht viel Aufhebens davon gemacht. Er hat nicht geredet, sondern gehandelt. Dafür möchte ich mich im Namen von VITA ganz herzlich bedanken. Diese Spende wird dazu beitragen, dass wir unsere Arbeit fortsetzen und weitere Teams auf einen gemeinsamen Lebensweg schicken können – so wie die 15-jährige KIM, die aufgrund einer spastischen Lähmung im Rollstuhl sitzt. Als sie ihre Assistenzhündin BIRDIE mit nach Hause nehmen durfte, war sie außer sich vor Freude. „Erst einmal musste ich tief Luft holen, um zu verhindern, dass ich vor lauter Glück platzte", schreibt sie, „dann hätte ich die ganze Welt umarmen können".

Auch ihre Geschichte steht im Buch ...

ÜBER DEN VEREIN VITA E. V.

VITA Assistenzhunde e. V. ist ein gemeinnütziger Verein, der Menschen mit körperlicher Behinderung einen Assistenzhund zur Seite stellt und ihnen so zu mehr Unabhängigkeit und Lebensqualität verhilft. Dabei ist VITA e. V. Mitglied des internationalen Verbandes ADEu (Assistance Dogs Europe) und erfüllt international gesetzte Standards. Der Verein wurde im März 2000 von Diplom Sozialpädagogin TAT-JANA KREIDLER in Frankfurt am Main ins Leben gerufen. Die Zielgruppen sind Kinder und Erwachsene mit körperlicher Behinderung. VITA ist der erste und einzige Verein in Deutschland, der Kinderteams nach ADEu Richtlinien ausbildet.

INHALT ~

Ein *Hund* hat in seinem LEBEN

nur ein *Ziel*,

– sein *Herz* zu verschenken.

- J. R. ACKERLEY -

_ _ *Moorpumps oder Crocs?*

* Claudia Christmann mit Labrador-Retriever-Rüden Donald

MOORPUMPS STATT SLINGBACKS

Vor nicht allzu langer Zeit waren Fragen wie „Passen zu meiner neuen Marlene-Hose besser Riemchensandaletten oder doch lieber Slingback-Pumps?" durchaus möglich. Sicher, ich hatte natürlich auch wichtige Dinge im Kopf, aber wir lebten in Los Angeles, und da ist die gute Gesellschaft bekanntermaßen gern mal etwas oberflächlicher. Man geht viel aus und hat den ganzen Glamour stets vor Augen – da passiert es schnell, dass man ab und an bei solch schwerwiegenden Themen landet.

Regelmäßig geht man auch schnell mal ins Nail Spa – so zwischen Shopping und Starbucks; oder man trifft sich mit Freunden im gerade angesagten Club oder Restaurant.

Jetzt leben wir wieder in *Good Old Germany*, mitten auf dem Land. Vieles, was solche Äußerlichkeiten angeht, hat sich wieder relativiert (zum Glück) – und zwar erst recht, seitdem unser kleiner Labrador DONALD bei uns eingezogen ist! Die Schuhfrage lautet meistens: Moorpumps (Gummistiefel) oder Crocs? Und die Klamottenfrage ist ganz schnell geklärt: Jeans und Fleece, Jeans und T-Shirt, Jeans und Wachsjacke. Und mit meinen derzeitig doch eher nachlässig gepflegten Fingernägeln und Händen würde ich bei einem Einreiseversuch in die USA wahrscheinlich spätestens bei der Fingerabdruck-Kontrolle abgewiesen *„Sorry, Ma'm, no immigration with those – räusper – hands …"*.

Die derzeitige Hauptlektüre reicht von einem Riesenstapel Hundefachbücher über Hundezeitschriften bis zur heiß erwarteten DRC-Clubzeitung. Dabei, ich gestehe, wurde die gelesene GALA meiner Schwiegermutter früher gern von mir übernommen.

Doch was interessiert mich heute noch die neue Liebe von George Clooney oder welches dürre Model gerade Karls Muse ist? Ich will lieber wissen, was bei Berg & Tal los war! Mag sein, dass sich auch das alles irgendwann wieder relativiert, aber es ist so: Ich bin hund-gesteuert!

Gut zu wissen, dass mein Mann mich trotzdem liebt, auch wenn ich mich zurzeit wohl mehr um unseren (von ihm auch heiß und innig geliebten) Welpen kümmere als um ihn. Er, der Gatte, weilt übrigens gerade wieder in Kalifornien. Gestern Abend rief er an und wollte wissen, was er denn mitbringen solle, diesmal. Er rechnete sicherlich mit Antworten wie RALPH-LAUREN Polo in Farbe X Y oder KIEHL's Lippencreme. Weit gefehlt! „Schatz, ich brauche da noch den Furminator", war meine Antwort. „Gern, Schatzilein, aber was ist das?" Ich hab's ihm dann erklärt, und mein lieber Mike steuert heute den nächsten *Pet Store* an. Und wie ich ihn kenne, wird auch er dort noch einige andere Dinge finden, die DONALD aus seiner Sicht unbedingt braucht.

So ändern sich eben die Bedürfnisse, sobald man (endlich) Hundebesitzer geworden ist! 🐕

* Anke Suckert mit Labrador-Retriever-Hündin Muffin

INLINER-ABENTEUER

Im Sommer dieses Jahres wollte ich eine Aktion der besonderen Art angehen – Inliner fahren mit Hund! An einem lauen Sommerabend packte ich mir Inliner und Hund und wagte mich auf einen Radweg, der perfekt schien. Dieser liegt nicht direkt an einer Straße, sondern geht durch Wiesen und Felder – da kann ja schon mal nicht wirklich viel schiefgehen. MUFFIN war absolut begeistert! Ein Ausflug – yeaaaah! Sie schmiss den Propeller an und sprühte Funken. Der erste Teil des Radwegs führt an der Straße entlang, deshalb nahm ich die Hibbelmaus doch lieber an die Leine. Der Gesichtsausdruck von MUFFIN lässt sich nur schwer beschreiben.

Sie war völlig hin und weg von unserer neuen Art der Fortbewegung, sie hüpfte neben mir her und lachte über das ganze Gesicht. Endlich mal ihr Tempo! Die ersten Meter waren traumhaft – völlige Einigkeit zwischen Hund und Halter. Doch dann ... oha!

Plötzlich flitzten von hinten drei Leute – auch auf Inlinern – an uns vorbei, die wesentlich schneller unterwegs waren als wir. MUFFIN guckte hinterher, warf mir einen begeisterten Seitenblick zu: „Schau mal, noch mehr von diesen rollenden Leutchen", und startete durch. Das Monster schmiss also seine 27 Kilo mit voller Wucht ins Brustgeschirr und gewann rasant an Tempo – mit einer leicht überforderten ANKE im Schlepptau!

Ich ruderte und kreischte, die Leine fest umklammert, und eierte in einem Höllentempo meinem durchgeknallten Hund hinterher. MUFFIN freute sich über die rege Unterstützung durch meine Anfeuerungsrufe aus dem Hintergrund und hechtete unbeirrt weiter. Mein einziger Trost: Na, wenigstens sieht das keiner! Aber Pustekuchen: Die Inliner-Leutchen, die uns überholt hatten, waren durch das hinter ihnen stattfindende Konzert etwas irritiert und drehten sich natürlich um. Verdammt! 🐆

Unter großem Gelächter setzten sie ihre Fahrt fort. MUFFIN war immer noch redlich bemüht, die Gruppe einzuholen. Im Geiste sah ich mich bereits mit aufgeschürften Knien und diversen Knochenbrüchen im Krankenhaus liegen. Irgendwann kam mir dann die rettende Idee. Warum hatte ich daran nicht gleich gedacht? Ich besann mich also auf die Signale, die mein Hundchen bis dato gelernt hatte, und rief aus vollem Hals: „STOOOOOPP!"

Und siehe da ... Muffin legte augenblicklich eine Vollbremsung hin, wie ich es bis dahin noch nie gesehen hatte. Man sah förmlich die Staubwolken aufsteigen.

In Sekundenschnelle war ich mit einem völlig neuen Problem konfrontiert: Wie sollte ich nun zum Stehen kommen? Mein braves Hundilein stand da auf dem Weg wie festgenagelt und ich war immer noch in voller Fahrt. Um alles in der Welt wollte ich folgende Schlagzeile verhindern: „Hund von eigenem Frauchen mit Inlinern überfahren!" Also schmiss ich kurz entschlossen die Leine beiseite, rauschte mit wehenden Fahnen knapp an unserem Monster vorbei und begann zaghaft mit dem Bremsmanöver. Quiietsch-roll-quiietsch-roll-quiietsch-STEHT – PUUUUUH!

Nachdem ich mich gedanklich wieder sortiert hatte, zogen wir weiter unseres Weges. Unbehelligt erreichten wir den Punkt, an dem ich unsere Kleine ableinen konnte. Da ich keine Lust auf weitere Kamikaze-Aktionen hatte, wählte ich meine Signale ab sofort mit Bedacht. Uns kamen noch Spaziergänger und Radfahrer entgegen – alles kein Problem. Ich rief MUFFIN immer schön mit Komm und hab sie dann in aller Ruhe am Rand abgesetzt. Ein Traum! Für den absoluten Supergau – einen anderen Hund – hatte ich mir bereits einen Schlachtplan zurechtgelegt. Ich würde mich einfach auf das Mufflon schmeißen und die Sache aussitzen. Zum Glück trat nichts dergleichen ein, obwohl ich fest damit gerechnet hatte. Stattdessen passierte mir ein anderer Klops. MUFFIN hatte anscheinend eine heiße Spur aufgenommen und tingelte wie an der Schnur gezogen, das Näschen immer schön am Boden, viel zu weit ins Feld hinein. Und dann passierte es. Ich rief: „MUFFIN, HIIIIER!" Kaum war das Signal in MUFFINs süßen Öhrchen angekommen, begann sie umgehend mit der korrekten Ausführung.

Sie riss den Kopf hoch, drehte um und kam zurückgestürmt. Ein Anblick, wie man ihn sich wünscht: mit fliegenden Ohren in vollem Galopp zurück! Gehe direkt über Los und erhalte 4.000 Leckerli! Was war also falsch? Mich beschlich ein eigenartiges Gefühl, aber ich kam einfach nicht drauf.

Das Monster näherte sich auf flotten Pfoten und ich kam ihr meinerseits auf Rollen entgegen. Huch, die steuert aber wirklich genau auf mich zu! Wie ich bereits erwähnt habe, war MUFFIN soeben dabei, das Signal korrekt auszuführen – inklusive vorsitzen! Au Backe …

Als mir schließlich klar wurde, wo der Fehler lag, war es bereits zu spät, um noch die Kurve zu kratzen. MUFFIN schien zwar etwas irritiert – wollte die Sache aber unbedingt durchziehen. Da blieb nur noch eins: Ich spreizte die Beine so schnell und gut es eben ging. Tatsächlich schaffte ich es, mit jeweils einem Bein links und einem rechts von ihr, über sie hinwegzuschüsseln. Phase eins geglückt, kommen wir also zu Phase zwei: das Gleichgewicht halten! Hmmjaaa, ich begann verzweifelt, meine beiden Treter wieder zusammenzuziehen. Leider hatte ich etwas zu viel Schwung nach vorn. Um nicht direkt auf die Nase zu fallen, steuerte ich also gegen und verlagerte mein Gewicht nach hinten – just in dem Moment machte sich plötzlich mein linker Fuß selbstständig. Wo um Himmels willen will der denn hin? Was folgte, war eine ganz einfache Gleichung: Gewichtsverlagerung nach hinten und linker Fuß viel zu weit vorn – nix gut!

Kurz fühlte ich mich schwerelos, doch die Erdanziehungskraft kennt keine Ausnahmen und ich landete auf dem Allerwertesten. Ich ergab mich in mein Schicksal. Zuerst Luft holen und überlegen, ob ich ernsthaft verletzt bin. Nein? Sehr gut!

Dann fing ich an zu kichern, zu glucksen, und schlussendlich lag ich mitten auf dem Radweg mit einem Lachkrampf der übelsten Sorte! MUFFIN war begeistert und ich völlig wehrlos. Mein Hund war überall. Hier schlecken, da hüpfen, einmal um mich rum und wieder knutschen. Das nenne ich doch mal einen Abenteuerspaziergang! 🐕

_ _ *Nina-Mona und Emily – ein perfektes Team.*

* Nina-Mona Hoffmann mit Labrador-Retriever-Hündin Emily

LIEBE AUF
DEN ZWEITEN BLICK

Nachdem ich VITA Assistenzhunde e. V. auf der REHA-CARE-MESSE in Düsseldorf kennengelernt und dort informative Gespräche mit den Mitgliedern geführt hatte, stand für mich (und auch für meine Familie) schnell fest: Ich möchte einen Assistenzhund haben! Einen treuen Freund und Helfer, der mit mir gemeinsam durchs Leben rollert. Kaum zu Hause, hatte ich auch schon die Bewerbung fertig, und es ging alles Schlag auf Schlag.

Ich besuchte das Ausbildungszentrum von VITA e. V. in Hümmerich, lernte den Verein und seine Mitglieder näher kennen und nahm an zahlreichen Events teil. Nach einigen Gesprächen wurde ein sogenanntes *Matching* für mich organisiert, um festzustellen, welcher VITA-Hund zu mir passen könnte. Für mich stand relativ früh fest: Es sollte der Golden-Retriever-Rüde VALENTIN werden, der mit seinen dunklen Augen und seinen bekannten Kuschelattacken jedes Herz zum Schmelzen bringt. Doch Ausbildungsleiterin TATJANA KREIDLER hatte die kleine schwarze Labradorhündin EMILY für mich im Blick. Denn sie erfüllte mit ihrem Wesen und ihren Eigenschaften meine Bedürfnisse besser. Da stand ich nun mit meiner Vorliebe für Golden-Retriever und musste mich entscheiden.

Doch dann lernte ich Emily besser kennen, und schnell war es um mich geschehen. Die kleine schwarze Labradordame mit ihrem einzigartig weichen Fell brauchte nicht lange, um mich von sich und ihren starken Qualitäten zu überzeugen.

Anfang September begann dann endlich die Phase der Zusammenführung in Hümmerich. Unser Ziel war es, dass EMILY die Aufgaben für mich übernimmt, die sie während ihrer Ausbildung erlernt hatte. Dabei ging es sowohl um die sogenannten Basics wie Gegenstände apportieren, Schubladen öffnen, am Rollstuhl laufen, als auch um speziellere Aufgaben, die EMILY für mich übernehmen sollte, um mir in Zukunft meinen Alltag zu erleichtern und mir dadurch zu mehr Unabhängigkeit von meinen Mitmenschen zu verhelfen.

Dieses Vorhaben war zunächst einfacher gesagt als getan, denn damit ein VITA-Hund für seinen Partner arbeitet, bedarf es nicht nur einer guten Beziehung, sondern auch eines enormen gegenseitigen Vertrauens, das nicht einfach über Nacht entsteht oder durch Leckerli erkauft werden kann.

Ich kam damals mit der Einstellung und Hoffnung nach Hümmerich, mal eben innerhalb von ein paar Wochen einen perfekt ausgebildeten Assistenzhund zu bekommen, der mich als seine Partnerin akzeptiert und bedingungslos alles für mich tut. Pustekuchen!

Von dieser Vorstellung musste ich mich recht schnell verabschieden. Denn wir reden hier nicht von Maschinen, die man beliebig programmieren kann, sondern von Lebewesen, die ihren eigenen Charakter, ihre eigenen Gefühle und Empfindungen haben. Somit waren Behutsamkeit, Geduld und Verständnis die ersten Dinge, die ich lernen musste.

EMILY wurde durch die Trainerin positiv bestärkt, wenn sie meine Nähe suchte oder Dinge für mich tat. So wurde sie nach und nach sicherer. Im Training lernten wir uns gegenseitig immer besser kennen und einzuschätzen. Es entstand Schritt für Schritt eine Arbeitsgrundlage. EMILY wurde zum Beispiel aufgefordert, mir Gegenstände zu bringen, was sie anfänglich nur sehr zögernd tat und mit einem fragenden Blick zur Trainerin, frei nach dem Motto: „Soll ich ihr wirklich die Leine bringen? Willst nicht doch lieber du sie haben?" Vieles, was bei TATJANA KREIDLER klappte, funktionierte bei mir nicht. Fragen gingen mir durch den Kopf, und zeitweise kamen sogar Selbstzweifel auf. Mag sie mich nicht? Mache ich irgendetwas falsch? Nichts von alledem war der Grund für EMILYS Verhalten – zum damaligen Zeitpunkt war sie einfach noch nicht bereit, so für mich zu arbeiten, wie ich es gern gehabt hätte. Somit war besonders von meiner Seite aus viel Einfühlungsvermögen, Verständnis und Disziplin gefragt, was mir nicht immer leichtfiel, aufzubringen.

Die gesamte Zeit der Zusammenführung war eine große Herausforderung für alle Beteiligten und ein langwieriger Prozess. Doch gemeinsam haben wir die Aufgabe erfolgreich gemeistert. Nun ist die Zusammenführung abgeschlossen, die Tage im Ausbildungszentrum von VITA sind vorbei, und für EMILY und mich hat ein neues Leben begonnen: Unsere Wohngemeinschaft in der Seidenstraße hat eine neue Mitbewohnerin – EMILY!

Endlich hat sie Einzug in Köln gehalten. Nicht nur mein Mitbewohner und bester Freund Raphael ist begeistert, auch die ganze Familie und sämtliche Nachbarn sind total entzückt von Miss Emilysa.

Ich muss gestehen, in der ersten Nacht war mir noch ein wenig unwohl zumute: Geht es EMILY auch wirklich gut? Hat sie Heimweh? Fühlt sie sich hier wohl? Bin ich der Verantwortung auch gewachsen? Doch in den darauffolgenden Tagen wurde ich wieder einmal eines Besseren belehrt: EMILY fühlt sich in ihrer neuen Heimat Köln zunehmend labradorwohl. Sie mischt mit ihrem Temperament unseren Zweipersonenhaushalt kräftig auf und bringt uns häufig am Tag zum Lachen.

Ob Dummytraining oder einfach nur Gassigehen, im herrlichen Naturschutzgebiet DÜNN-WALDER FORST kommt nicht nur EMILY voll auf ihre Kosten. Sogar die anfängliche Angst vor Hundebegegnungen hat sich mittlerweile bei mir gelegt. Ich befürchtete, der Situation körperlich nicht gewachsen zu sein und hatte Angst, dass EMILY etwas passieren könnte. Doch durch regelmäßiges Üben und die kontrollierte Herbeiführung von Begegnungen mit anderen Hunden in den unterschiedlichsten Situationen, haben mir gezeigt, dass meine Angst unbegründet ist.

Schon nach kurzer Zeit steht mir EMILY als Partnerin in allen Lebenslagen helfend zur Seite und meistert ihre Assistenzhundaufgaben vorbildlich. Wir sind also auf dem Weg zum perfekten Team! Ich brauche hier kaum zu erwähnen, wie sehr ich mich auf die vor uns liegende gemeinsame Zeit freue. EMILY ist nicht nur eine Bereicherung für mein Leben, sondern auch für mein gesamtes Umfeld.

* Pia Buchholz mit Labrador-Retriever-Hündin Q

WIE DER HUND AUFS SOFA KAM

Q, unsere Hündin, durfte gestern aufs Sofa. Das erste Mal! Was mehr oder minder Neuland für sie war. Als Bestandteil unseres gemeinsamen Morgenrituals darf sie auf dem Sofa ab und zu ein dort verstecktes Leckerchen holen, aber darauf liegen, zum Schlafen oder Kuscheln? Da fliegt sie hochkant wieder runter! Gestern war allerdings alles anders. Wie es dazu kam? Ganz gruselig …

Wir sind auf dem Nachhauseweg im Auto, total durchweicht, fröstelnd, hungrig, und ich bin wie immer zu schnell. Eine lang gezogene Landstraßenkurve, da landen öfter mal Autos im Graben, rechts oder links, und ich nehme das immer kopfschüttelnd zur Kenntnis: Passen die denn nicht auf? Jetzt weiß ich, nach 23 Jahren Autofahren, wie schnell das gehen kann. Die Straße ist nass, die Kurve kommt näher, ich glaube, ich ging leicht vom Gas, aber das hat nicht gereicht. Der Wagen schlittert, ich kann mich noch erinnern, dass ich bewusst nicht gebremst, sondern mein Heil im Gegenlenken versucht habe.

Offensichtlich zu viel, denn wir schlittern gleich weiter in die andere Richtung, auf die Gegen-fahrbahn. Was für ein Mist! Da war doch eben auch noch Gegenverkehr! Und schon drehen wir uns und werden aus der Kurve getragen, landen im Graben, senkrecht zur Straße, mit der Schnauze nach vorn. Ich mache den Motor aus – an was man sich so alles erinnert –, sehe, dass im Cockpit die Anzeige für die offene Heckklappe aufleuchtet, und drehe mich leicht nach hinten.

Ich entdecke eine sperrangelweit geöffnete Klappe, sage ungläubig „Q?" und sehe sie aus den Augenwinkeln vorn auf der Straße stehen. Albtraum! 🐕

Die nächsten Sekunden laufen in Zeitlupe ab: Ich mache die Fahrertür auf, pfeife nach ihr, steige aus, sie schaut mich an – und gibt Gas. Aber in die falsche Richtung! Ruck, zuck bin ich auf der Straße. Ein Autofahrer schaut mich ungläubig an, ich winke ab, alles in Ordnung, ich muss zum Hund! Mensch, da vorn rennt die schon, ich renne ihr pfeifend hinterher, kreische – der Köter rennt. Q schaut sich wohl ein bisschen um, läuft aber weiter, tut, als wär sie ein Mofa oder so, bleibt spurtreu. Der Gegenverkehr wird langsamer, hinter uns kommt auf einmal ein hupendes Auto an. Ein Taxifahrer, der mit offener Tür neben mir hält. „Los, steigen Sie ein!" Wir verfolgen also im Auto meinen Hund. Q hat mittlerweile mehrere Autos rechts überholt, die langsamer werden. Wir können wegen des Gegenverkehrs nicht überholen und stauen uns nun. Mein Gott, der Hund, wo rennt er hin, sehen die ihn auch alle, so klein und schwarz wie er ist? Immerhin scheint Q nichts passiert zu sein? Mir wohl auch nicht.

Mittlerweile rennt sie seit einem guten Kilometer und steuert auf eine T-Kreuzung zu! Ich hänge pfeifend und unangeschnallt aus dem Beifahrerfenster und versaue mir vermutlich gerade meinen Stopp- und Kommpfiff.

Dem Taxifahrer werden wohl auch die Ohren dröhnen, aber Q rennt weiter, über die T-Kreuzung. Wir sehen immerhin, dass sie nach links läuft, aber bis wir durch den Gegenverkehr hinterher können, denke ich eigentlich nur noch: „Das war's, die ist bestenfalls weg, womöglich kommen wir gleich an einem überfahrenen schwarzen Etwas vorbei – das darf doch alles nicht wahr sein." Endlich können wir hinterher, haben sie aber wegen kurviger Straßenlage mittlerweile völlig aus den Augen verloren. Vor uns fahren auf einmal langsamere Autos. Mich gruselt, aber die fahren ja, die stehen nicht, und in einer Kurve sehen wir auch, wie Q immer noch am rechten Rand entlangdüst. Einmal überquert sie die Straße, hockt sich kurz hin und pinkelt. Dann läuft sie vor einem Auto wieder rüber auf unsere Seite und rennt weiter. Die ist ja wohl nur durchgeknallt!

Wir kommen zu einem Kreisel, wo sie über den Fußgängerüberweg rennt und ihn an der zweiten Ausfahrt geradeaus den Berg hinunter verlässt. Ich stöhne auf, der Taxifahrer meint, dass das gut wäre, weil da unten weniger Verkehr sei. Ich frage ihn, ob er eigentlich die Uhr eingeschaltet hat – hat er nicht, er war auf dem Weg zu einem Passagier. Mir fällt ein, dass ich Schlüssel und Jacke im Auto gelassen habe – aber das Auto wird wohl erst mal keiner klauen. In der Jacke sind Handy, Geldbeutel, Leine. Nach einigen Kurven können wir den Hund überholen. Der Taxifahrer macht mir Dampf: „Jetzt schnell raus, bevor sie ins Gelände geht!"

Q kommt auf mich zu, bremst ab. Während ich auf sie einsäusele,
scheint sie zu überlegen, ob sie nach rechts oder links abhauen soll.
Also mach ich selbst einen Satz auf sie zu und schnappe sie mir!

Zurück im Taxi, wo sie im Beifahrer-Fußraum ruhig sitzt und kein bisschen hechelt oder zittert, entschuldigt sich der Taxifahrer dafür, dass er jetzt die Uhr einschalten würde – kein Thema, aber er soll bitte auch auf den Kilometerstand schauen. Als wir zurück zum Unfallort fahren, stehen da immer noch die zwei Autos, und ich frage den Fahrer mit einem leichten Anflug von Panik, ob ich vielleicht noch ein anderes Auto erwischt habe oder vielleicht meinetwegen noch zwei ineinandergefahren seien. Nein, ich bin einfach so über die Straße getrudelt, habe auch keinen Leitpfosten oder Baum erwischt. Und während Q im Taxi wartet, bis ich die Leine habe, fragen mich die drei Leute auf der Straße: „Haben Sie den Hund?“ Ja! Glückliches Aufatmen, ich bin total gerührt. Als ich ins Auto muss, um die Leine zu holen, frage ich mich ernsthaft, ob das Auto, nachdem ich draußen war, den Standort gewechselt hat. Von da unten, aus dem Matsch und Gestrüpp, bin ich rausgesprungen? Auf dem Weg zum Taxi hält mich ein Mann in gelber Warnweste auf: Schön, dass ich da sei, ich solle jetzt mal hierbleiben. Ich erkläre ihm, dass ich erst das Taxi bezahle und den Hund abholen muss, weil das Taxi eigentlich zu einem Kunden unterwegs gewesen sei, als ich realisiere, dass das schon die Polizei ist. Ich bezahle das Taxi, packe ordentlich Trinkgeld für den Einsatz drauf. Die Kilometeranzeige lautet übrigens 7,3 km – einfache Strecke.

Ich bedanke mich, nehme Q an die Leine, die wie der Held des Tages
draußen empfangen wird.

Nun kann ich dem Polizisten den Unfallhergang schildern, sein Kollege schickt die Leute weiter und ruft einen Abschleppwagen, der auch schon zehn Minuten später da ist. Mittlerweile habe ich zu Hause angerufen, aber nur gesagt, dass wir beide wohlauf sind, bloß das Auto eben im Graben liegt, und dass ich mich wieder melde, wenn ich abgeholt werden kann. Die Geschichte mit Qs Verfolgung hebe ich mir für später auf. Es wird schnell dunkel und nieselt wieder, wir sitzen im Polizeiwagen, Q kuschelt sich im Fußraum ein und ich erzähle unsere Geschichte. So langsam dämmert mir, was für ein Glück wir hatten, vor allem dieser Hund, der sieben Kilometer die Landstraße entlangdüste und nicht von einem Auto erfasst wurde. Ja, und nachdem Q dann gestern Abend zu Hause recht still war, habe ich sie eben mal aufs Sofa gelassen, wo sie sich gleich bequem bei mir eingekuschelt hat und richtig tief eingeschlafen ist. 🐕

*Dagmar Jahn mit Labrador-Retriever-Hündin Cayenne

RETTUNGSENGEL

Sonntagmorgen, kurz nach 8 Uhr. Ein Herbstmorgen und es regnet leicht vor sich hin. Unsere Rettungshundestaffel trainiert in einem Gelände, das auf keiner Karte verzeichnet ist. Restbunker, Waldgelände und merkwürdigerweise keine Waldtiere. Eigentlich ein tolles Gelände und ein Training, wie es für mich nicht lehrreicher hätte sein können. Mit schmaler Besetzung waren wir zum Training angetreten: sieben Hundeführer und zehn Hunde. Während des Training hatte es wohl fast jeder der Staffelkollegen geschafft, sich im Wald zu verirren, letztlich kamen aber alle wieder im Lager an. Alle? Na ja – alle bis auf eine!

Recht durchgefroren stand ich im Lager und erhielt auch prompt den Auftrag von CONNI, für PAULA (ein Hirtenhundmix) drei Opfer ins Gelände zu legen. Meine Befürchtung: „Na, hoffentlich finde ich wieder zurück!", wurde mit: „Haste Leckerschmecker dabei? Dann hat PAULA eben vier Opfer!", beantwortet. Ja, ja, dachte ich, das passiert mir dann doch nicht. Die Opfer packe ich vom Weg aus ins Gelände, passiert schon nichts. Die Rechnung hatte ich ohne KATI gemacht, das letzte Opfer, das ich im Wald verstecken sollte. Sie stürmte voran ins Gelände, um mir dann zu erklären, sie wäre mal eben im Zickzack da rein, weil sie keine Lust habe, so über Stock und Stein … Aaaah ja! Also versuchte ich den Weg zurück ebenfalls zu zickzacken. Es misslang mir gründlich! Alle Bunker waren irgendwie gleich gesprengt worden und die Vegetation sah sich auch verdammt ähnlich. Jeder Bunker, der mir bekannt vorkam, brachte mich wohl ein Stück weiter ab vom richtigen Weg. Kalt war mir mittlerweile nicht mehr.

Hatte ich nicht immer gelacht, wenn es darum ging, mit Kompass in den Wald zu gehen? Jetzt hätte ich ihn gern bei mir und nicht in meinem Rucksack, der zusammen mit meinem Hund im Lager auf mich wartete.

_ _ *Gefunden!*

Es half nichts! Jetzt hieß es, die Schmach zuzugeben und CONNI zu alarmieren: „Holt mich hier raus!" Das befürchtete Gelächter blieb aus. Es kam nur die Anweisung: „Bleib, wo du bist, wir kommen!" Ich widerstand der Versuchung, mich doch noch weiter vorzukämpfen, und blieb an einem Bunker sitzen. Ich hatte Zeit, mir die Gegend genauer anzuschauen, und mir wurde bewusst, wie unheimlich es ist, wenn kein Vogel zwitschert und auch sonst kein Rascheln von Kleintieren zu hören ist. Gespenstische Stille, bei der man nur das Rauschen der Blätter hört. Wie sich wohl ein Pilzesammler fühlen muss, der vom Weg abgekommen ist? Schließlich hatte der keine Rettungshundestaffel, die in unmittelbarer Nähe trainiert. Geradezu plastisch wurde mir vor Augen geführt, wie wichtig unsere Arbeit ist.

Da! War da nicht ein Bimmeln? Tatsächlich! Ich sah Paulas rotblonden Pelz durch die Baumgruppen traben. Paula rennt nicht, wie unsere Labradore oder Border Collies – Paula trabt direkt auf ihre Opfer zu.

Ich war sehr froh, PAULA zu sehen und zu hören. Nach bewährtem, lange eingeübtem Muster lief nun das Anzeigeritual ab: PAULA schüttelte sich die Mähne zurecht und bellte dann nach Kräften. So lange, bis letztlich auch CONNI bei mir eintraf. CONNI kam reichlich außer Atem hinter PAULA her. Sie hatte ihrem Bellen nur mit großer Mühe folgen können. So weit war ich vom ursprünglichen Trainingsgebiet abgekommen. PAULA hatte alle drei Opfer innerhalb von zehn Minuten aus dem Wald gefischt. Hinzu kam ein weiteres Opfer, das sich weit außerhalb des Suchgebiets befand.

Mein Fazit: Ein Kompass gehört in die Jackentasche und nicht in den Rucksack – und eine große Fleischwurst in unsere Paula. 🐕

Karin Kirchgeßner mit Golden-Retriever-Hündin Funny

THERE IS NO BUSINESS LIKE SHOW BUSINESS!

Meine Allzweckhündin FUNNY aus reiner Showlinie sollte mit gut vier Jahren auch mal ihre Ausstellungsqualitäten unter Beweis stellen. Bei einer Work-and-Show-Veranstaltung auf GUT EMKENDORF war es dann so weit. Ist ja eigentlich nicht so mein Ding, daher war das unser erster Auftritt auf der Showbühne der Hundewelt, und so musste ich erst mal spicken, was die anderen mit ihren Golden so anstellen.

Meine einzige sichere Bank des Tages war, dass Funny so steht, wie ich sie hinstelle. Und da liegt schon der Hase im Pfeffer: Das Tier hat ja nur vier Beine, aber was man da so alles falsch machen kann!

Ein anwesender Bekannter hat mir noch den Rest gegeben: „Ich habe eine Videokamera dabei und kann dich filmen!" Klasse, wenn ich also vor Aufregung über die eigenen Beine stolpere und mich in den Matsch lege, dann kann ich mir das auf YOUTUBE ansehen oder auf Omas Achtzigstem vorführen, um die geriatrischen Gratulanten zu reanimieren.

Als wir endlich an der Reihe waren, hatte ich alle Tipps und Ratschläge vergessen, aber – unter den wachsamen Augen einiger Kamerabewaffneter – munter an den Beinen meines geduldigen Tierchens korrigiert, bis ich mir sicher war, dass alles krumm und schief steht, und gelächelt! Das Anfassen durch die Richterin war wenig störend, da FUNNY schon einige Erste-Hilfe-Kurse als Dummy mitgemacht hatte. Im Dreieck, Vorwärts- und Zurücklaufen klappte ohne Stolperer oder andere Probleme, und dann kam das Aufstellen vor dem Richtertisch.

_ _ „This dog deserves an excellent!" Yepp, find ich auch!

Nicht zu nah an den Tisch, alle Beine parallel und schön senkrecht, gerader Rücken, dabei dem Hund beruhigend zureden und möglichst ignorieren, dass hier noch Zuschauer sind. In der Hocke dann den Schwanz greifen, Kopf gerade ausrichten und die Hand vor die Nase, damit diese an genau diesem Platz bleibt. Ich bin mir nicht sicher, ob FUNNY in der Zwischenzeit noch geblinzelt hat – sie war wie zur Salzsäule erstarrt und regte sich nicht einen Millimeter, während bei mir so langsam die Beine anfingen zu kribbeln. Konsequentes Weitersäuseln mit dem Hund (bleib – feine Maus – bleib – prima – bleib – so ist es fein – bleib …), und dabei ignorieren, dass die Beine einschlafen.

Ich habe keine Ahnung, wie lange das ging und was die drei Grazien vom Richtertisch in der Zwischenzeit gemacht haben. Wären die derweil zum Kaffeetisch gegangen, ich hätte es nicht gemerkt.

Weitersäuseln, bis ein Kameraklick FUNNY dann doch zum Kopfwenden verführte – also den Kopf wieder in gerade Position gerückt und dabei festgestellt, dass ja wirklich noch einer guckt und ich mir nicht mehr sicher bin, ob ich überhaupt noch mal hochkomme oder zu aller Freude am Ende der Prozedur einfach auf die Seite kippe. FUNNY stand in der Zwischenzeit wieder wie der Fels in der Brandung. Dafür wurden mir die Arme immer schwerer, die Beine taub, und ich säuselte weiter: „Bleib – feiner Hase – bleib – prima …" Irgendwie kam es mir schon fast wie ein Mantra vor. Bei den anderen hat das lange nicht so ewig gedauert! Aus heiterem Himmel dann eine Zwischenfrage von der Schriftführerin: „Hypnotisieren Sie hier Ihren Hund?" (Weiterhin: „Fein – bleib – prima – bleib!") Ehrlich, aber direkt habe ich geantwortet: „Ja, und wenn es noch lange dauert, dann schlafe ich auch gleich ein!" Irgendwann war es dann tatsächlich geschafft, ich konnte meinen Hund erlösen und mich ohne hörbare Schmerzäußerung wieder aufrichten und an meinen Warteplatz zurückgehen.

Das Ende vom Lied war der abschließende Satz der Richterin: *"This dog deserves an excellent!"* * Yepp, find ich auch! 🐕

„Dieser Hund verdient ein Vorzüglich!"

Hunde

haben alle g u t e n Eigenschaften

des *Menschen* ohne gleichzeitig

ihre F E H L E R zu besitzen.

- FRIEDERICH, DER GROSSE -

* Ina Bertholdt mit Labrador-Retriever-Rüde Cobie

MIZUNO AMI

Die Golden INISH, GLAMIS, BALMA und DYKE sind mit Labradorwelpe COBIE an der LAHN. DYKE: „Los, jetzt komm schon, stell dich nicht so an!" GLAMIS: „Das Wasser ist herrlich, jepppiiiii!" COBIE: „Nein, da geh ich nicht rein!" BALMA: „Na los, sei kein Spielverderber!" INISH: „Lasst ihn doch in Ruhe! Komm, COBIE, sollen die drei nur planschen, ich erzähl dir eine Geschichte!" COBIE: „Au ja, was ist es denn für eine?" INISH: „Lass dich überraschen!"

Vor langer Zeit, als es die Retriever noch nicht als Rasse gab, lebte ein Hund namens DUKE. Er war der Hund eines Fischers: schwarz, kurzhaarig und von liebenswerter Art. DUKE war als Junghund zu seinem Besitzer gekommen, um ihm bei seiner Arbeit zu helfen. So wie viele Fischerhunde sollte auch er Netze einholen, tote Fische aus dem Wasser apportieren und Verlorengegangenes wiederbringen. Doch DUKE mochte das Wasser nicht, er hatte Angst davor! Sein Herrchen versuchte ihn immer wieder ins Wasser zu treiben, denn er war auf seine Hilfe angewiesen. Doch DUKE ließ sich nicht Richtung Wasser bewegen. Als der Fischer erkannte, dass es keinen Sinn hatte, setzte er DUKE aus und überließ ihn seinem Schicksal.

„Du, Inish, werde ich auch von Frauchen ausgesetzt, wenn ich nicht ins Wasser gehe?" „Aber nein, du kleiner Dummkopf! Warte ab, wie die Geschichte weitergeht!"

DUKE war nun auf sich allein gestellt, doch er trauerte seinem alten Leben nicht nach. Er hatte Prügel einstecken müssen, oft kein Futter bekommen und draußen an einer Kette ohne Schutz gelebt. DUKE war froh über seine Freiheit, erinnerte sich nur noch ab und zu an seine glückliche Welpenzeit. Mit seinen Geschwistern war er häufig im Garten und hatte Fangen gespielt. Doch genau in jenem Garten passierte das große Unglück: DUKE war als kleiner Welpe in den Gartenteich gefallen. Es war sein erster Kontakt mit Wasser, doch er hatte sofort schwimmen können und war in Richtung Ufer gepaddelt. Dort hatte er versucht, wieder an Land zu kommen.

__ *Alle mir nach, zum Wasser!*

Aber das Ufer war zu steil und so musste DUKE weiterschwimmen. Er schwamm und schwamm, bis er keine Kraft mehr hatte. Niemand war da, um ihm zu helfen. DUKE schaffte es lange, sich über Wasser zu halten, doch irgendwann war er zu schwach. Das Letzte, an das er sich später noch erinnerte, war, dass seine Beinchen nicht mehr paddeln konnten und er langsam unterging. Überall um ihn herum war Wasser und er bekam keine Luft mehr. Kurze Zeit später fanden ihn seine Menschen am Ufer des Gartenteichs. Er lag einfach da und zeigte kaum noch Lebenszeichen. Für alle war klar, dass DUKE es doch noch irgendwie geschafft hatte, das sichere Ufer zu erreichen.

Nun, da Duke allein durch die Gegend streifte, ging er jedem Wasser aus dem Weg.

Er ernährte sich von dem, was Wald und Feld so hergaben, klaute von Bauernhöfen ab und zu die Abfälle und führte ein Leben im Schutz der Natur. Nur manchmal, wenn er von Weitem einen Menschen mit seinem Hund spielen sah, wurde ihm wehmütig zumute und er wünschte sich auch ein sicheres Zuhause. Aber er wusste, dass in dieser Gegend viele Fischer wohnten und diese ihn nicht gebrauchen konnten. So lebte DUKE weiter im Verborgenen, bis er eines Tages auf ein etwas abgelegenes Haus im Wald traf. Er hatte Hunger, da er schon einige Tage nichts mehr erbeutet hatte, und vom Haus wehte ein köstlicher Duft von Schinken herüber.

DUKE näherte sich ganz vorsichtig, und während der Besitzer mit der Reparatur eines Zauns beschäftigt war, schlich er sich in die Scheune und stahl einen ganzen Schinken. So schnell ihn seine Beine trugen, rannte er mit der Beute im Maul hinaus, doch der Mann hatte ihn schon gesehen. DUKE befürchtete das Schlimmste, doch anstatt zu schimpfen, begann der Mann herzhaft zu lachen und rief ihm nach: „Lass es dir schmecken!" Im Wald ließ DUKE seine Beute fallen, um sie schnell zu verschlingen. Dabei dachte er über den Mann und seine sonderbare Reaktion nach. Er war neugierig geworden und hielt sich die nächste Zeit immer in der Nähe des Hauses auf. Er beobachtete den Mann und erkannte, dass auch er Fischer war, jedoch keinen Hund besaß. Stattdessen hatte er Ziegen, Schweine, Hühner und Kaninchen. DUKE blieb auf seinem Beobachtungsposten nicht unbemerkt, und als der Fischer ihn von Weitem entdeckte, ging er in die Scheune, holte ein Stück Schinken und rief ihm zu: „Für dich, mein schwarzer Freund!" Danach fuhr er mit seinem Boot auf den großen See hinaus. DUKE näherte sich vorsichtig dem Schinken und fraß ihn gierig auf. So ging es eine ganze Zeit lang: Bevor der Fischer auf den See fuhr, legte er für DUKE etwas zu Fressen hin.

„Du, INISH, warum ging DUKE denn nicht gleich zu dem Fischer?" „Na, weißt du COBIE, DUKE hatte das Vertrauen in die Menschen verloren. Er war nicht scheu, er war nur misstrauisch geworden. Und bevor er dem Fischer nicht traute, wollte er auch nicht zu ihm gehen."

Es folgten heiße Tage, und die Wälder und Wiesen waren von der glühenden Sonne ausgetrocknet. Kein noch so kleines Wasserloch war mehr zu finden. Auch der Morgentau auf den Blättern zeigte sich nicht mehr, und DUKE wusste nicht, wo er seinen Durst löschen konnte. Ihm blieb nur noch die Möglichkeit, an den See zu gehen. Vorsichtigen Schrittes und mit einem beklemmenden Gefühl näherte er sich einer seichten Stelle und begann zu trinken – mit einem Auge die Wasseroberfläche im Blick und mit den Beinen sprung- und fluchtbereit. DUKE hatte hastig getrunken, und als er gerade wieder weglaufen wollte, hörte er ein Lachen aus Richtung des Wassers.

Er erschrak furchtbar, doch im selben Augenblick entdeckte er den Urheber des Gelächters: ein kleines Männchen, das sich im schilfbewachsenen Uferbereich direkt neben ihm befand.

Das Männchen kletterte auf ein Schilfblatt, setzte sich darauf und rutschte dann lachend daran hinunter, bis es mit einem leisen Platsch im Wasser verschwand. Dann tauchte es wieder auf und kletterte erneut auf das Schilfblatt. Oben angekommen, entdeckte es DUKE, wie er steifbeinig und mit ungläubigem Gesicht am Wasser stand und ihm zusah. „Hallo, willst du auch mitmachen?", fragte das Männchen und rutschte wieder lachend das Blatt hinunter ins Wasser. Noch nie zuvor hatte DUKE ein solches Geschöpf gesehen. Es war sehr klein, hatte einen Kopf in Regentropfenform, Arme und Beine und sah gar nicht wie ein Tier aus! Er konnte das Männchen zwar sehen, aber gleichzeitig konnte er auch durch es hindurchschauen.

DUKE ging einige Schritte auf das Wasser zu und suchte die Oberfläche nach dem seltsamen Geschöpf ab. Dabei vergaß er vollkommen seine Angst. „Hey, hier bin ich!", rief es von einer anderen Richtung, und DUKE sah den kleinen Wicht auf einem Seerosenblatt liegen, wo er ein Sonnenbad nahm. „Schönes Wetter heute, nicht wahr?", sagte er freudig. „Oh, entschuldige bitte, ich bin AQUA, ein Wassergeist, und du?" „Äh, ich bin DUKE." „Schön, dich kennenzulernen! Was verschlägt dich an meinen See?" „Ich habe meinen Durst gestillt. Aber wieso ist das dein See?" „Ich bin ein Wassergeist und passe auf diesen See auf. Ich sorge dafür, dass er gesund bleibt und dass es ihm gut geht. Komm doch näher!" „Nein, ich bleibe lieber hier stehen."

_ _ *Ins kühle Nass.*

„Hast du Angst vor dem Wasser?" „Ja." „Aber das musst du nicht.
Das Wasser ist dein Freund."

Aqua erzählte vom Leben im Wasser und von anderen Wassergeistern. Dann fragte Duke nach dem Fischer, der hinten am See wohnte. Aqua kannte ihn und erzählte Duke von seiner Güte und Freundlichkeit, die er den Tieren entgegenbringt. So vergingen einige Stunden, und als die Zeit des Abschieds kam, verabredeten sie sich für den nächsten Tag. Aqua tauchte wieder unter und Duke ging in Richtung Fischerhaus davon. Dabei wurde er das Gefühl nicht los, dem kleinen Geist irgendwo schon einmal begegnet zu sein. Aber das konnte nicht sein, hatte er sich doch immer vom Wasser ferngehalten. So verwarf er den Gedanken und sah lieber dem Fischer zu, der seinen Fang an Land brachte und dabei vergnügt zu pfeifen begann. Seine Neugierde wurde geweckt und er bewegte sich langsam auf das Haus zu. Plötzlich kam der Fischer auf der anderen Seite aus dem Haus und Duke blieb wie angewurzelt stehen.

Er blickte kurz zu DUKE und sagte nur: „Hallo, mein Freund, bist du auch wieder da?" Dann ging er weiter zu seinen Netzen und begann diese zusammenzulegen. Dabei plauderte er beiläufig vor sich hin: „Na, was hast du denn heute so gemacht? Kaninchen gejagt, faul in der Sonne gelegen? Das war heute vielleicht ein Hitze! Ich wollte erst gar nicht hinausfahren, aber du weißt ja, das Essen fliegt einem nicht zu, was?!" DUKE verstand kein Wort, trotzdem hörte er aufmerksam zu. Er mochte den Klang dieser Stimme, die so viel Ruhe und Gelassenheit ausstrahlte. Als es Abend wurde, ging er wieder in den Wald zurück und der Fischer in sein Haus. DUKE legte sich in seine Kuhle unter einen kleinen Felsvorsprung, denn er war sehr müde. Da er jedoch noch lange über AQUA und den Fischer nachdachte, konnte er nicht einschlafen. Und so beschloss er noch am selben Abend, den Fischer wieder aufzusuchen.

Am darauffolgenden Tag saßen AQUA und DUKE am Ufer, redeten über die Menschen und DUKE vergaß dabei ganz das Wasser, an dessen Rand er sich befand. Nach dem Besuch bei AQUA holte er sich seine Portion Schinken am Fischerhaus ab und verschwand wieder im Wald. So vergingen die Tage, und DUKE und der kleine Wassergeist wurden Freunde. Von Tag zu Tag traute sich der Labrador ein Stück näher an den Fischer heran, bis er eines Abends allen Mut zusammennahm und ihm in sein Haus folgte. So selbstverständlich, wie der Fischer ihn damals begrüßt hatte, als er plötzlich auf dem Hof stand, so ließ er ihn nun auch in sein Haus. Von diesem Zeitpunkt an hatte DUKE wieder ein Herrchen und der Fischer einen neuen Begleiter. DUKE tat alles für seinen neuen Freund: Er sammelte ausgebüxte Hühner ein, zerrte die Netze mit an Land oder apportierte lebende Fische, die an Land wie verrückt zappelten.

Der Fischer dankte es mit viel Liebe und Streicheleinheiten. Er gab ihm oft die tollsten Leckereien und spielte mit ihm, wie damals das Herrchen mit seinem Hund, das Duke sehnsüchtig beobachtet hatte.

DUKE und der Fischer wurden die besten Freunde und ein perfektes Team. Selten sah man nur einen der beiden. Das waren die Momente, in denen DUKE seinen Freund AQUA besuchte oder wenn der Mann zum Fischen auf den See fuhr. DUKE hatte seine Wasserangst noch immer nicht überwunden. Er traute sich zwar etwas näher ans Wasser heran, doch nasse Pfoten waren undenkbar. Der Fischer hatte seine Wasserscheu gleich bemerkt und einfach ignoriert: „Wenn du nicht mitkommen möchtest, dann lass es eben bleiben. Aber dass mir der Schinken noch an Ort und Stelle hängt, wenn ich wiederkomme!" So lebten die beiden glücklich zusammen, bis jener denkwürdige Tag anbrach, an dem sich nicht nur für DUKE einiges ändern sollte.

Es war Spätsommer und vereinzelte Bäume legten bereits das herbstliche Farbgewand an. Die Vögel sangen ihre Melodien in die Weite des Waldes hinaus, und viele Tiere waren bereits damit beschäftigt, ihre Winterquartiere herzurichten oder in den Süden zu ziehen. Es war ein schöner Tag – die Sonne schien und es war weder zu kalt noch zu warm. Der Fischer beschloss spontan auf den See hinauszufahren, um noch einen guten Fang zu machen, denn die Bedingungen dafür waren gut. Er packte seine Sachen zusammen, legte schnell die Netze auf das Boot und winkte DUKE zu, der vom Ufer aus seinem Herrchen nachschaute. DUKE überlegte gerade, wie er sich die Zeit vertreiben könnte, als vom See her ein Fluchen zu hören war. Er erkannte sein Herrchen, das mit aller Kraft versuchte, ein Netz an Bord zu holen. Der Fischer hatte in seiner Eile übersehen, dass sich ein Netz nicht vollständig auf dem Boot befunden hatte und nun, durch das Weiterfahren, am Grund des Sees festhing. Er zerrte mit aller Kraft und stemmte seine Füße an den Rand des Bootes. DUKE war das ganze Schauspiel, das er sich vom Ufer aus ansehen konnte, nicht geheuer. Sein Herrchen befand sich viel zu nah am Rand des Bootes und er witterte Gefahr. Er fing an zu bellen und rannte wild das Ufer auf und ab, doch der Fischer wagte sich noch weiter vor. Dann war es auch schon passiert! Mit einem lauten Platsch landete der Mann im Wasser, direkt neben seinem Netz. DUKE war außer sich! Er konnte sein Herrchen nicht mehr sehen und zu ihm konnte er auch nicht. Verzweifelt sprang er hin und her und bellte wie verrückt, bis er schließlich einen Hilferuf hörte und darin die Stimme seines Herrchens wiedererkannte. Der Fischer trieb im Wasser und schnappte nach Luft, denn er konnte nicht schwimmen. Zudem war er ein gutes Stück von seinem Boot entfernt. Vom Lärm angelockt, kam AQUA herbei, streckte seinen Kopf aus dem Wasser und rief DUKE zu: „Du musst deinem Herrchen helfen, er ertrinkt sonst!" „Aber …, aber ich habe Angst, ich kann nicht ins Wasser gehen! Du bist doch da, helf du ihm!" „Ich bin viel zu klein, als dass ich dem Fischer helfen könnte. Überwinde deine Angst, du wirst sehen, das Wasser ist dein Freund, es tut dir nichts!" Mit diesen Worten tauchte AQUA wieder ab und lies den Retriever allein am Ufer zurück.

Duke kämpfte mit sich, er wollte zu seinem Herrn und ihm helfen, doch das Wasser stellte für ihn ein unüberwindbares Hindernis dar.

„DUKE, Hilfe!", schallte es vom See her, und nach einem kurzen Zögern rannte DUKE in vollem Galopp ins Wasser. Erst war er unsicher und paddelte wie wild, in Erwartung, jeden Moment unterzugehen. Dann bemerkte er, dass er über Wasser blieb. Er bewegte seine Beine immer schneller und schwamm auf sein Herrchen zu. Doch als er an die Stelle kam, an der sein Herrchen gerade noch im Wasser trieb, war alles menschenleer. Plötzlich tauchte AQUA neben ihm auf: „Du musst tauchen!"

_ _ *Freund des Wassers!*

DUKE tauchte, und mit einem Mal befand er sich wieder in derselben Situation, die ihn als Welpe beinahe das Leben gekostet hätte: Um ihn herum war Wasser – nur Wasser. Erneut bekam er Angst, doch weiter unten konnte er sein Herrchen erkennen. Er tauchte in die Tiefe, bis er den Fischer erreicht hatte, verbiss sich in dessen Jacke und schwamm langsam an die Oberfläche. Während er auftauchte, sah er AQUA, der von einem Strahlen umgeben war. Er winkte noch einmal kurz und verschwand dann in der Tiefe des Sees.

DUKE zog den Fischer an Land, der kräftig zu husten anfing, ihm sein Fell streichelte und zu ihm sagte: „Guter Junge, ich wusste, du hilfst mir!" Der schwarze Labrador war sehr stolz. Er hatte es geschafft! Er hatte sein Herrchen gerettet und seine Angst überwunden. Als die beiden völlig durchnässt am Ufer sitzend auf den See hinausblickten, fiel es DUKE wieder ein: Als er damals als Welpe in den Teich gefallen war, hatte er auch ein solches Leuchten gesehen. Damals musste AQUA ihn gerettet und an Land gebracht haben! Am nächsten Tag ging DUKE zu der Stelle, an der er AQUA das erste Mal getroffen hatte, doch der kleine Wassergeist war nicht da. DUKE suchte den ganzen See ab: Er schwamm bis zu den schwer zugänglichen Uferböschungen, tauchte an einigen Stellen bis zum Grund, doch AQUA war nirgends zu finden. So verging die Zeit und aus DUKE wurde ein ganz hervorragender Schwimmer.

DUKE erinnerte sich daran, dass AQUA ihm einmal erzählt hatte, dass Wassergeister nicht immer am selben Gewässer bleiben dürfen, und so sprang er in jedes wassergefüllte Loch und in jede Pfütze, die er finden konnte, doch der Wassergeist blieb verschwunden.

Duke hatte sich geschworen, Aqua irgendwann einmal dafür zu danken, dass er ihn als Welpe gerettet und ihm nun geholfen hatte, seine Wasserangst zu überwinden, um sein Herrchen zu retten.

Er suchte sein Leben lang, doch leider war es DUKE nicht möglich, AQUA zu danken, denn er starb, bevor er ihn finden konnte. Doch jeder Nachfahre von DUKE und damit jeder Retriever erfährt von dieser Geschichte und gibt sie an seine Nachkommen weiter. Und so suchen wir im Namen unseres Urahnen DUKE weiter, um AQUA zu finden und ihm zu danken! Dafür ist uns keine Pfütze zu schmutzig und kein Wasserloch zu klein. Denn ohne den kleinen Wassergeist hätten wir Retriever unsere Leidenschaft für das Wasser nie entdeckt.

„Also bin ich ein Urururururururururenkel von DUKE?" „ Ja, so in etwa, COBIE." „Meinst du, AQUA hat gewusst, wer DUKE ist?" „Na klar! Er hat sofort den kleinen Welpen wiedererkannt, den er damals gerettet hatte, und AQUA war bewusst, dass er DUKE helfen musste. Darum hat er ihn auch nicht unterstützt, als der Fischer dem Ertrinken nahe war, obwohl er es hätte tun können. Er wollte, dass DUKE seine Angst überwindet."

„Du, INISH, warum hat DUKE denn die anderen Wassergeister nicht gefragt, wo AQUA ist?" „Oh, so schlau war er auch. Doch die meisten Wassergeister sind scheu und nicht so gesprächig wie AQUA. Und die wenigen, die etwas sagen, wissen nicht, wo er ist." „Aber er lebt doch noch, oder?" Ja natürlich, COBIE! Wassergeister leben ewig und können nicht sterben! Auf der ganzen Welt suchen wir nach ihm, doch kein Retriever hat ihn je gesehen. „Du, INISH, meinst du, ich soll doch ins Wasser gehen und schauen, ob ich ihn finde?" „Nur zu, COBIE, wir können jede Hilfe gebrauchen!

Und weißt du: Man munkelt, dass ein Lebewesen, das von einem Wassergeist gerettet wird, die gleiche Liebe für das Wasser empfindet wie die Wassergeister. Deshalb liebte Duke das Wasser zeitlebens.

Diese Liebe zum Wasser wird jedem Retriever von Geburt an mitgegeben, und auch du besitzt sie. Durch diese Leidenschaft tragen wir DUKES Andenken immer mit uns und sind auf ewig mit AQUA verbunden. Sie spiegelt außerdem das Vertrauen wider, das wir unseren Herrchen und Frauchen entgegenbringen und das auch sie uns erweisen. Denn ohne Vertrauen und Liebe hätte DUKE seine Angst nie überwinden und seine Verbundenheit zum Wasser nie entdecken können! In der Welt der Wassergeister nennt man uns Retriever deshalb auch MIZUNO AMI. Es bedeutet „Freund des Wassers", – und glaube mir, COBIE, das sind wir!"

_ _ *Wahre Leidenschaft.*

_ _ *Auf Dummysuche.*

* Ute Czymmek mit Golden-Retriever-Rüde Dunlin

FLACHWILDJAGD UND DUMMYSUCHE

Als Mutter ist man ja froh, wenn man den lieben Kleinen ab und zu unter die Arme greifen kann. So fragte mich mein Sohn NIKLAS in der 5. Klasse, ob er unseren Golden-Rüden DUNLIN mal mit in die Schule nehmen dürfe. Er wolle ein Referat über Hunde halten. Der Biolehrer war zunächst sehr skeptisch – so ein Hund kann ja auch gefährlich sein. Ich versprach, während des Referats in der Klasse zu bleiben, und musste schwören, dass mein Hund wirklich nicht zu Gewalttätigkeiten neigt. So verkrümelte ich mich in die hinteren Reihen. DUNLIN rollte sich neben dem Lehrerpult zusammen und döste. Gemeinsam hörten wir uns NIKLAS Vortrag über die Hundeerziehung und -arbeit an.

Besonders die Flachwildjagd haute mich fast vom Hocker, hatte Niklas doch den Begriff Niederwild vergessen.

Das allgemeine Interesse war mehr als verhalten – gibt es doch für Kinder während des Unterrichts so viel Wichtigeres zu bereden. Da kann auch ein dösender Hund nichts ausrichten. Ist er doch einfach nur ein Hund! Dann kam der praktische Teil: NIKLAS und ich hatten etliche Dummys eingepackt und baten die Schüler, sie zwischen ihren Sachen zu verstecken, während ich mit DUNLIN auf dem Flur wartete. Bei seiner anschließenden Suche herrschte aufmerksame Stille. DUNLIN pulte ein Dummy nach dem anderen aus Hosenbeinen, Jackenärmeln und Rucksäcken. Zum Glück blieben die Pausenbrote verschont!

In diesem Moment sprang der Funke über! Alle Kinder waren mit Begeisterung bei der Sache. DUNLIN eroberte im Sturm alle Herzen, und selbst die größten Schwätzer wollten plötzlich alles ganz genau wissen, ihn streicheln und noch ein bisschen suchen lassen. Schade, dass so eine Biostunde irgendwann mal zu Ende ist, denn uns hat es riesig Spaß gemacht!

Barbara Ikier mit Golden-Retriever-Hündin Ceallagh

SCHLÜSSELERLEBNIS

Manchmal erlebt man Geschichten, die kann man kaum glauben. Sie hören sich an wie ausgedacht, sind aber genauso passiert. Ich möchte eine Geschichte erzählen, die ich mit CEALLAGH (sprich: Käila), unserer acht Monate alten Golden-Retriever-Hündin erlebt habe. CEALLAGH ist ein keltischer Name und bedeutet heller, schlauer Kopf. Und sie macht ihrem Namen alle Ehre.

Es war irgendwann im Sommer, als SAMUEL, mein ältester Sohn, mal wieder seinen Hausschlüssel verloren hatte. Regelmäßig verschwinden Jacken, Pullover, Stifte und eben auch Hausschlüssel. Ich als Mutter rege mich inzwischen kaum noch darüber auf, eigentlich nur noch, um erzieherisch einzuwirken. Aber wenn ich ehrlich bin, habe ich auch das schon längst aufgegeben. Verlorenes muss er von seinem Taschengeld ersetzen und sich auch selbst um Ersatz bemühen. Diese Regel ist wohl auch der Grund, warum SAMUEL im Dezember, also fast ein halbes Jahr nach dem Verlust, immer noch keinen Ersatzschlüssel hatte. Meistens ist ja jemand zu Hause, um die Tür zu öffnen, oder sie steht sowieso auf. Ein einziges Mal nur musste SAMUEL im Garten schlafen, da er mitten in der Nacht von einer Party kam und alle anderen im Haus schon schliefen.

Nun, am Tag vor Nikolaus, wollten meine drei Söhne in die Schule zum Adventsbasar. Vater war arbeiten und ich wollte mit beiden Hunden auf den Hundeplatz.

Ich hatte schon mein Hundeplatz-Outfit an und war mit den Hunden im Hof, als SAMUEL rief: „Und wie komme ich nachher rein, wenn ihr alle weg seid? Ich will nicht so lange wie die anderen in der Schule bleiben!" Ich lachte. „Na, da hättest du dich wohl mal rechtzeitig um einen neuen Schlüssel bemühen sollen, jetzt ist es ein bisschen spät. Deine Brüder brauchen ihre Schlüssel selbst und wenn niemand zu Hause ist, müssen die Türen auch verschlossen sein."

Ich konnte mir die Schadenfreude nicht ganz verkneifen. Er quengelte, wie doof das sei und ob wir nicht im Schlüsselkästchen doch noch einen passenden Schlüssel hätten. Ich wusste, dass das nicht der Fall war, wollte ihn aber nicht daran hindern, es selbst auszuprobieren. Er holte das Kästchen in den Hof, testete einen Schlüssel nach dem anderen und stellte fest, dass keiner passte. Ich bekam etwas Mitleid und schlug ihm vor, meinen Schlüssel zu nehmen, wenn er mir versprach, rechtzeitig zu meiner Rückkehr wieder zu Hause zu sein.

Da klimperte plötzlich Ceallagh nur ein paar Schritte von uns entfernt mit einem Schlüssel im Maul. Samuel und ich waren so mit uns und unseren Schlüsseln beschäftigt, dass wir gar nicht bemerkten, dass auch sie einen hatte.

Ich dachte, sie hätte sich einen der vielen Schlüssel stibitzt, und forderte sie auf, ihn mir zu geben. Fröhlich und stolz tänzelte sie mir entgegen und gab ihn mir in die Hand. Es war ein rostiger alter Schlüsselbund, und es war tatsächlich SAMUELS Schlüssel, der wohl schon seit mehreren Monaten im Garten lag. Ich gab ihr alle Leckerchen, die ich in meiner Jackentasche greifen konnte, und freute mich riesig über diesen Fund und vor allem über die problemlose Abgabe in meine Hand.

Ich bin täglich mit CEALLAGH im Garten. Wir spielen und üben dort, oder ich beobachte sie einfach nur. Sie hat Schätze wie alte Bretter, kaputte Fußbälle oder Förmchen, die sie im ehemaligen Sandkasten gefunden hat. Mit diesen spielt sie allein, schmeißt sie in die Luft, jagt sie, schüttelt sie oder vergräbt sie wieder in einem Loch. Nie habe ich sie mit dem Schlüssel gesehen. CEALLAGH wusste wahrscheinlich die ganze Zeit, wo sich dieser befand. Da dieses harte Ding aber ein doofes Spielzeug war, das man weder zerbeißen noch totschütteln konnte, habe ich sie nie damit gesehen. Als wir nun so geschäftig klimperten und einen Schlüssel nach dem anderen ausprobierten, holte sie das harte rostige Ding – denn so etwas Wichtiges besaß sie schließlich auch.

SAMUEL hat sich ebenso gefreut. Er muss nun keinen neuen Schlüssel bezahlen und es bestärkt ihn darin, dass Abwarten sich eben doch lohnt. Hätte er sich früher um Ersatz bemüht, wäre das nur rausgeworfenes Geld gewesen. CEALLAGH sollten wir vielleicht darin ausbilden, die Verlorensuche professionell zu betreiben. Es wird wahrscheinlich nicht der letzte verlorene Schlüssel gewesen sein, den es zu finden gilt. 🐕

* Karin Manner-Timm mit Chesapeake-Bay-Retriever Rüde Socks

EINE BEGEGNUNG DER BESONDEREN ART

Als SOCKS noch ein Welpe war, sind wir eines Nachmittags den Baggersee entlangspaziert. Jogger, Radfahrer, schnatternde Nordic-Walking-Frauen, die flotten Schrittes ihren Stock gnadenlos in jeden Schuh rammten, der ihren Weg blockierte, brüllende Kinder, schreiende Mütter und alles, was so dazugehört. SOCKS ist schwer beschäftigt mit den Eindrücken, er läuft auf seinen kurzen Beinchen hierhin und dorthin, um alles zu untersuchen. Ich genieße derweil den Sonnenschein, als ich in einiger Entfernung einen kleinen Tumult auf dem Weg bemerke.

Ich sehe einen älteren Herrn, fesch im Trachtenjankerl und gezwirbeltem Schnurrbart, mit einem Großpudel an der ausgefahrenen zehn Meter Flexileine, deren Aufrollautomatik den Krieg anscheinend nicht unbeschadet überstanden hat. Diese beiden beobachte ich schon länger locker aus der Ferne, denn dieses Gespann holt regelmäßig die Radfahrer von ihren Bikes, da der Hund natürlich umherläuft und geschickt die Leine als Fahrradfalle auslegt. Wir nähern uns; der Herr späht schon herüber und nimmt Kurs auf. SOCKS betrachtet ahnungslos eine riesige Lilienblüte.

„Hallo ... haaaallo!", ruft der Pudelherr und kommt näher. Pudel macht sich groß, stolziert auf Zehenspitzen heran, schließlich will man zeigen, wer hier der Platzhirsch ist. Das Haarungetüm auf des Pudels Kopf wackelt bedenklich.

„Ja, was haben wir denn da?", fragt das Trachtenjäckchen in väterlich-jovialem Tonfall und beugt sich über meinen Hund. „Grüß Gott", sag ich forsch und will weiter. Ich werde gefragt, was ich denn da an der Leine habe. „Das ist ein Chesapeake-Bay-Retriever", antworte ich.

_ _ *Ein was bitte? Ein Chesapeak-Bay-Retriever!*

Damals war ich noch so naiv und hab die Rasse genannt, mittlerweile sage ich nur noch: „Ein Jagdhund." Der Pudelkopf hat sich derweil hinter der Lilienblüte postiert. Er wartet auf einen unbeobachteten Augenblick, dann schießt sein Kopf hervor und stoppt einen Zentimeter vor Socks' Gesicht. Der Pudel blickt Socks tief in die Augen. Der ist sichtlich erschrocken, kippt baff zur Seite. Er sieht mich an und scheint zu sagen: „Was ist das denn? Doch kein Hund? Was'n das für ein Ungetüm auf diesem Kopf?" Er blickt verwirrt von mir zum Pudel. Dieser stolziert mittlerweile siegestrunken vor uns auf und ab, um uns zu zeigen, dass er schon ein ziemlich Toller ist und das junge Gemüse fest im Griff hat.

„Ein waaaas? Also, Fräulein, nein. Da hat Ihnen jemand einen Bären aufgebunden, so was gibt's nicht, ich kenne nämlich alle Hunderassen, wissen Sie, das ist mein Hobby, Rassehunde und so ...", sagt des Pudels Herr und zupft gedankenvoll an seinem Schnurrbart.

Noch bevor ich reagieren kann, plumpst mein Hund neben mir um. Ich lächle schwach und versuche Socks, der mittlerweile im Blau des Flexigurts fast völlig verschwunden und fest umwickelt ist, zu befreien. „Haben Sie für den etwa was bezahlt?" „Ja, natürlich." „Mein Gott", meint der gute Mann, „die Welt wird auch immer dümmer. Da hat man Ihnen einen Mischling angedreht zwischen Goldi und Weimaraner und Sie haben es nicht gemerkt." Lacht, lüpft seinen Hut und geht weiter. Im Vorbeigehen murmelt er noch: „Blond, na ja ... kein Wunder."

Socks und ich sehen uns an und ich ziehe ihm den Rest der Lilienblüte aus dem Maul. Wir setzen uns ins Gras und genießen einen schönen Sonnenuntergang. Ich nehme mir fest vor, beim nächsten Hundekauf wirklich besser aufzupassen.

* Mareike Ehlert mit Golden-Retriever-Hündin Amy

EIN GRAUER MORGEN IM NOVEMBER

Es war wieder einer dieser Morgen, an denen man sich schon beim Aufstehen wünscht, es würde entweder richtig Winter werden oder sofort wieder Sommer. AMY blickte mich verschlafen aus ihrem Korb heraus an. Sie war noch nicht allzu lange bei uns. Die hübsche kleine Goldendame war vor einem guten Jahr als Welpe bei uns eingezogen, hatte unsere Herzen im Sturm erobert und vor allem mein Leben grundlegend verändert. Lange hatte ich nach ihrem Typ gesucht, dunkel im Fell sollte sie sein, temperamentvoll und agil.

Amy war vom Tag ihres Einzugs an immer mit dabei. Lange Spaziergänge, Besuche bei Freunden und Familie, Reisen – aber auch Steine von Feldern absuchen und Traktor fahren, denn wir haben Landwirtschaft, und auch hier musste sie integriert werden.

Schnell hatte sie verinnerlicht, dass das Hofgelände nur in Begleitung des menschlichen Rudels verlassen werden darf. Dass das Auseinanderfetzen von Strohballen ein herrlicher Spaß für Hund und Mensch ist. Dass die im Haus ansässige 15-jährige Dackeldame sowie die Hofkatze die älteren Rechte besitzen. Dass es nicht allzu großen Anklang findet, auf frisch eingesäten Äckern Löcher von einem Quadratmeter Fläche zu buddeln. Dennoch hat sie uns immer wieder zum Lachen gebracht.

Auch in der Hundeschule war sie oft der Vorzeigehund. Lernen fand sie großartig, war immer zu allem zu motivieren und ihrem Naturell entsprechend äußerst akribisch beim Apport sämtlicher Gegenstände, die Mensch freiwillig oder unbewusst durch die Luft befördert hat. Dies war ihr Elixier, der Motor manches Spaziergangs und eine gern genommene Form der Belohnung.

An jenem Novembermorgen hatte ich Urlaub und einen Arzttermin. Ich wollte vorher noch eine kleine Runde mit AMY laufen. Es war dämmrig und trotz aller Vorbereitung war ich spät dran. In meiner Eile vergaß ich, eine reflektierende Jacke zu nehmen statt der ausgefeinen. Und AMY bekam die Moxonleine um, nicht das leuchtende Halsband, da ich es so schnell nicht finden konnte.

Wir drehten die bekannte Runde, deren Dauer ganz genau zu meinem spätmöglichsten Abfahrttermin passte. Sie führt über Felder nahe unseres Hofes hin zu einer vielbefahrenen Bundesstraße, an der unser Weg ein kleines Stück entlanggeht. Auf einem langen geraden Stück war es ein ungeschriebenes Gesetz zwischen uns, dass ich sie von der Leine ließ und ihr so ein wenig Freilauf bis zum Erreichen der Bundesstraße gab. Nie hatte es Probleme gegeben, 50 Meter vor der großen Straße fanden wir immer schnell wieder zueinander und ich nahm sie für das gefährliche Stück Weg an die Leine.

Dieser Morgen sollte anders verlaufen. Ich leinte Amy ab und ließ meine Gedanken schweifen. Wie das bei Hundebesitzern so ist, achtet ein Auge trotz allem immer auf den Hund. Doch mein Argusauge blickte ins Leere.

So schnell, wie ich mir die Leine nach dem Freilassen des Hundes umgehängt hatte, so schnell war Letzterer auch verschwunden. Im ersten Moment stutzt man. Dann dreht man sich um 360 Grad und sichtet das Umfeld. Nichts. Ich wurde nervös. Rief AMYS Namen und ließ den Pfiff ertönen, der ihr seit je das Heranrufen signalisiert. Einmal. Wieder. Immer wieder. Ich begann zu rennen. Im Grau dieses Morgens konnte ich fast nur Umrisse erkennen, was mich weiter verunsicherte.

Aus dem Rufen wurde schnell ein Schreien, denn meine Augen erkannten schemenhaft, was ich nicht wahrhaben wollte. AMY war auf der Jagd und bewegte sich rasend schnell auf die Bundesstraße zu. Sie hatte wohl schon vor dem Ableinen zwei Rehe an der nahen Böschung ausgemacht und diese mit Gewinn der Freiheit sofort zum Ziel ihres morgendlichen Auslaufs erkoren. In Panik liefen die Rehe weg und trennten sich kurz vor der mit Berufsverkehr überfüllten Straße. Und AMY traf die fatale Entscheidung, dem Reh zu folgen, das auf die Straße lief. Auch bei mir setzte diese verzögerte Wahrnehmung ein, die man immer staunend belächelt, wenn andere, die ebenfalls in Extremsituationen stark unter Adrenalin standen, davon berichten.

_ _ *„Aaaaaa-myyyyyy!"*

Ich rannte, kam aber meinem Gefühl nach kaum vorwärts. Plötzlich sah ich AMY. Klar wie in unmittelbarer Nähe. Klar wie an einem wunderschönen Frühlingsmorgen, wenn sie mich wieder aus einem Bachlauf herauf regelrecht strahlend ansieht. Klar wie die Lebensgefahr, in der sie akut schwebte.

Wie ein Denkmal stand sie da. Mitten auf der Straße. Kurz verschwand sie, da ein Auto an ihr vorbeifuhr. Es fuhr vorbei, mein Gott, was für ein Glück sie hatte. In einem solchen Moment vergisst man alles, was man einmal gelernt hat. „Aaaaaa-myyyyyy!", schrie ich hysterisch ihren Namen und versuchte so, sie von der Bundesstraße herunter zu mir zu locken. Verwirrt sah sie mich an. An ihrem Ohrenspiel und an der Stellung der Rute konnte ich selbst noch aus dieser Entfernung ihre Unsicherheit und Angst erkennen. Von rechts näherte sich ein LKW in recht hoher Geschwindigkeit. Ich ruderte mit den Armen und schrie wie um mein eigenes Leben: „Stooopp! Der Hund!" Der Fahrer sah mich nicht. Ich erkannte in meiner unbeschreiblichen Aufregung, dass jeder Schritt von AMY ihren sicheren Tod bedeuten würde. Mit aller Kraft änderte ich meinen Befehl und versuchte so gefasst wie eben möglich zu verlangen: „Bleib!" Das war der Moment, in dem mein Herz stehen blieb. Der LKW erreichte meinen Hund. Ich stoppte, wandte mich ab und hielt mir die Ohren zu. Um nichts auf der Welt wollte ich den dumpfen Knall wahrnehmen, der meinen Hund aus dem Leben riss.

_ _ *„Sorry, ich war jagen."*

Tränenüberströmt löste ich meine Arme vom Gesicht. Da stand sie. In ihrer vollen Pracht, eingeschüchtert zwar, aber voller Leben. Der LKW hatte sie nicht berührt. Vermutlich hätte jeder Zentimeter, den sie sich bewegt hätte, ihr Leben gekostet.

Zwei Autos hielten mit Warnblinkleuchten an. Ein Mann stieg aus und ging auf AMY zu. Zeitgleich erreichte auch ich den Ort des Geschehens. „Ist das Ihr Hund?", fragte er mich. Ich war völlig aufgelöst, konnte nur stammeln: „Ja, sie wäre fast überfahren worden!" Fassungslos von den Worten, die wie fremd aus meinem Mund kamen, realisierte ich, welch großes Glück wir gerade hatten. AMY sah mich an, als wollte sie sagen: „Sorry, ich war jagen. Ich weiß, dass du das nicht gut findest. Aber was nun passiert ist, hab ich auch nicht erwartet." Ich bedankte mich bei den beiden Autofahrern, die so selbstverständlich angehalten und sich um den Hund gekümmert hatten. Seitdem arbeiten wir verstärkt an AMYs Jagdverhalten. Heute gelingt es mir, sie in ihrer Aufbruchstimmung abzurufen und zu etwas anderem zu motivieren. Hierbei behalte ich die Zügel in der Hand und muss nicht hilflos zusehen wie damals, an jenem grauen Morgen im November.

*Thorsten Kutsche-Droß mit Labrador-Retriever-Rüde Louis

DIE UNSCHÄTZBARE HILFE EINES ASSISTENZHUNDES

Ein behinderter Mensch ist in irgendeinem Bereich des alltäglichen Lebens eingeschränkt, eben behindert. Es gibt viele Hilfsmittel, um das Leben mit dieser Behinderung zu erleichtern. Dass eine Brille bei einer Sehbehinderung hilft, ist bekannt, dass aber ein Hund ein Hilfsmittel sein kann, ist leider in unserem Land ganz und gar nicht selbstverständlich. Mein Hund LOUIS ist ein solches Hilfsmittel für mich. Mit meinem Rollstuhl versuche ich so normal wie möglich am Alltag teilzunehmen, und mein ausgebildeter Assistenzhund hilft mir dabei.

EIN ASSISTENZHUND? WAS IST DAS DENN?

Zuerst einmal ist das ein Hund wie jeder andere auch, nur dass er einen speziellen Job hat. Um Assistenzhund zu werden, muss dieser besondere Voraussetzungen mitbringen. Die Hunde müssen frei von Aggressionen sein, über ein ruhiges ausgeglichenes Wesen verfügen, lernfähig und motiviert sein. Dieses Verhalten ist schon im Welpenalter sichtbar, und VITA e. V. sucht deshalb bereits sehr früh Welpen mit diesen Eigenschaften aus. Die Hunde kommen aber erst mit einem Jahr in die Ausbildung und verbringen ihre Welpenzeit in ausgesuchten Patenfamilien. Nach dieser Prägephase werden sie für ihre spätere Aufgabe speziell ausgebildet und trainiert. Ein Assistenzhund soll seinem Partner, dem behinderten Menschen, helfen, Sicherheit geben und soziale Barrieren überwinden. Er lernt, wie er sich z. B. beim Einkauf oder im Straßenverkehr zu benehmen hat. Meiner Erfahrung nach sind meine Mitmenschen sehr beeindruckt und ihnen fällt auf, mit welcher Ruhe und Gelassenheit LOUIS hilft.

Doch leider reagieren nicht alle so auf meinen Hund. Bei unserem letzten Einkauf in einem Supermarkt habe ich nicht zum ersten Mal einen Rauswurf erlebt. Ein Assistenzhund hat dieselben Rechte wie ein Blindenführhund, auch er darf mit in Lebensmittelgeschäfte. Nur leider werde ich nicht immer mit Freude empfangen. Wenn LOUIS mich beim Einkauf begleitet, dann löst das bei einigen Erstaunen, bei anderen Entsetzen aus.

Meist kommen wir nur bis in die Tiefkühlabteilung, wo wir von dem Filialleiter und einer aufgebrachten Kundin schon in Empfang genommen werden. Ich versuche dann die Leute aufzuklären, um mehr Akzeptanz für unsere Assistenzhunde zu bekommen, doch leider stößt man nicht immer auf Verständnis. Hygienisch gibt es bei unseren Hunden keine Bedenken, auch weil Louis mit der Ware gar nicht in Kontakt kommt.

Aber auch Möbelhäuser haben damit ein Problem. Haben die Mitarbeiter Angst, dass mein Hund auf dem Sofa Probe liegt oder den Flokati zerbeißt?

Ist bei kleinen Hunden, die in der Einkaufstasche Platz finden, die Akzeptanz größer oder wird das Hündchen einfach übersehen? Diese Frage stellte ich mir, als ich wieder einem Filialleiter zu erklären versuchte, was ich mit einem Hund an der Wursttheke mache. Denn in diesem Moment fuhr eine ältere Dame mit ihrem Elektroscooter an uns vorbei. Zwischen ihren Füßen saß ein kleiner schwarzer Pudel. Es stellte sich heraus, dass die Dame mit ihrem Hund schon bekannt war, und ich konnte wenigstens erreichen, dass der Filialleiter ein Einsehen hatte.

„Wo fangen wir an und wo hören wir auf?", las ich vor kurzem in einem Artikel, in dem ein sehbehinderter Mensch mit seinem Blindenführhund aus einem Restaurant abgewiesen wurde. Der Besitzer argumentierte, dass beim Einlass eines Hundes, auch andere das Recht für ihren Hund einfordern werden. Da gibt es nur einen entscheidenden Unterschied: Für einen behinderten Menschen ist der Hund eine Hilfe und nicht nur ein Schoßhündchen oder nettes Accessoire.

Dass es Leute gibt, die sich nicht vorstellen können, dass ein Hund sich in vielen Situationen sehr ruhig und unauffällig verhalten kann, erlebe ich beim Einkauf in einem Geschäft für besondere Düfte. Es war ein kleiner überschaubarer Laden, in dem ich Louis in einer ruhigen Ecke mit leisem „Bleib" ablegte.

Kurze Zeit später betrat eine Frau die Parfümerie, und nach kurzem Rundumblick sagte sie zu der Verkäuferin: „Oh was für eine schöne Dekoration Sie hier haben", und ging auf Louis zu.

_ _ *Assistenzhunde verdienen unsere Anerkennung.*

Erst kurz bevor sie vor ihm stand, hob dieser den Kopf, und die Frau erschrak zutiefst, musste dann aber mit allen im Laden über ihren Irrtum lachen.

Dies sind nur einige meiner Erfahrungen, doch es gibt viele ähnliche Erlebnisse von anderen Mensch-Hund-Teams. Leider wird das Hilfsmittel Hund von keiner Krankenkasse finanziert oder bezuschusst. Die Ausbildung der Hunde und alles, was dazugehört, ist nur durch Spendengelder möglich. Auch hier zeigt sich, dass die Arbeit der Hunde nicht ausreichend gewürdigt wird. Wir hoffen alle, in Zukunft auf mehr Verständnis für unsere Assistenzhunde seitens unserer Mitmenschen zu stoßen.

Annette Badelt-Vogt mit Flat-Coated-Hündin Debbie

RETTUNGSEINSATZ FÜR EINEN FLAT

Es war im Sommer 2008, als ich mit meiner Flat-Coated-Hündin DEBBIE guten Mutes beim Thüringer Workingtest in der Anfängerklasse startete. Leider endete die erste Aufgabe schon mit null Punkten und ich konnte meine Enttäuschung kaum verbergen. Als Nächstes kam der Wasserapport an die Reihe und wir wollten beide diese Aufgabe besser meistern. Nach einem kurzen Walk-up Richtung See, in dem auch Weidenbüsche standen, wurde ein Dummy ins Wasser geworfen und landete direkt neben einem Zweig. Nach Freigabe schwamm DEBBIE zielgerichtet los und schnappte sich das Dummy – zusammen mit dem Zweig.

Der Zweig allerdings war mit einem im Wasser liegenden Stamm fest verbunden. Debbie hielt beides krampfhaft fest, zog und zog, aber sie konnte weder den Zweig abreißen, noch wollte sie ihre Beute loslassen.

Sie strampelte und strampelte. Man warf ihr mehrere Verleitungen, aber gelernt ist gelernt. Sie hielt ihr Dummy tapfer fest und ignorierte die Ersatzdummies. Langsam schwanden ihre Kräfte. Inzwischen hatten sich viele Zuschauer am Ufer versammelt und bestaunten den Bringwillen meiner Hündin.

Mir allerdings wurde es immer mulmiger zumute und ich geriet zunehmend in Panik. Da stürzte sich ein beherzter Zuschauer ohne zu zögern in die Fluten. In voller Montur schwamm er zum Hund, und da DEBBIE das Dummy immer noch nicht freigab, riss er kurzerhand den Zweig mit ab. Die sichtbar erschöpfte DEBBIE konnte mir nun endlich ihre Beute bringen und bekam dafür 18 Punkte. Bei der Feier am Abend wurde dem mutigen Retter als Dankeschön das erste Rettungsschwimmer-Dummy des Vereins verliehen.

*Barbara Tybussek mit Golden-Retriever-Hündin Biene

KRÜMELMONSTER

Als meine Golden-Retriever-Hündin ein halbes Jahr alt war, sind wir mit ihr erstmals zu meiner Schwiegermutter gefahren. Meine Schwiegermutter ist eine ganz Liebe, doch für sie gehören Hunde nicht ins Haus. In ihrer Kindheit gab es auf jedem Bauernhof die typischen Wach- und Hofhunde, die überall herumstromerten und nicht wirklich erzogen waren. Mir war es deshalb besonders wichtig, dass BIENE sich gut benahm, zumal Weihnachten war. BIENE war total aufgedreht, erstens wegen der langen Fahrt im Auto, und zweitens begrüßten sich die Menschen so herzlich, da musste sie doch mitmachen.

Schnell hatten alle zehn anwesenden Familienmitglieder Hundehaare an der schicken Weihnachtsgarderobe. Glücklicherweise nahmen sie es mit Humor.

Dann ging es ans Auspacken der Geschenke. Bei uns ist es Ritual, dass jeder einzeln beschenkt wird und alle nacheinander auspacken. Auch Kleinigkeiten, wie eine Tafel Schokolade, werden separat eingepackt. Die Bescherung zieht sich folglich ewig hin, was immer wieder schön ist. Mein Mann hatte nun die Idee, auch für BIENE etwas einzupacken, da sie jetzt ebenfalls zur Familie gehört. So hatte ich also kleine Päckchen für BIENE vorbereitet.

Die Bescherung begann, einer nach dem anderen packte aus. BIENE beobachtete das gespannt, aber ruhig. Dann bekam sie ihr erstes Geschenk und begann, den Keks freizulegen. Ungeduldig, wie sie ist, dauerte ihr das zu lang und sie wurde immer hektischer dabei. Endlich hatte sie den Keks erwischt, der durch die Auspackaktion schon ziemlich zerkrümelt war. Als dann die anderen wieder an der Reihe waren, fiel ihr das ruhige Warten schon merklich schwerer. Aber sie schaffte es und wurde mit dem nächsten zerkrümelten Keks belohnt. Als die Bescherung vorbei war, konnte BIENE es kaum glauben, dass es nichts mehr auszupacken gab.

So schlich sie in einer unbeobachteten Minute hinaus und machte sich zuerst einmal über den Geschenkpapierhaufen her, rupfte, zerrte, knabberte daran, bis überall kleinste besabberte Fitzelchen herumflogen.

Doch damit nicht genug: Die Hundekekse hatten Krümel auf dem Teppich hinterlassen, und BIENE stand mitten im Papierfetzenchaos und leckte überall auf dem guten Teppich herum, weil es dort offensichtlich noch nach Keks roch. Seit diesem Tag läuft BIENE ausschließlich hektisch und mit tiefer Nase in der Wohnung meiner Schwiegermutter herum, wenn wir diese besuchen. Eine kurze Begrüßung, schon geht die Nasenarbeit los. Findet BIENE einen Krümel, schmatzt sie genüsslich und sucht weiter. Meiner Schwiegermutter ist das immer richtig peinlich, sie sagt dann: „Ich habe extra vorher gründlich gesaugt, die kann hier gar keine Krümel finden …". Aber BIENEs Näschen entgeht halt nichts.

__ Auf Krümelsuche!

Ein *Hund* ist ein HERZ

auf vier *Beinen.*

- IRISCHES SPRICHWORT -

*Marion Oberender mit Golden-Retriever-Hündin Sally

DIE KONTAKTAUFNAHME

Tiefe Schlaglöcher zwingen uns, eine geeignete Spur zu finden, ansonsten katapultiert die Federung des alten VW-Käfers unsere Köpfe zum Autodach. Das Getriebe stöhnt und kreischt ab und an beim Einlegen eines Gangs. Die Scheibenwischer mühen sich mit lautem Klick um klare Sicht. Der Blick auf die am Haltegriff des Armaturenbretts befestigte Wegbeschreibung bestätigt: Wir haben uns nicht verfahren, obwohl mich dieser Gedanke schon seit einiger Zeit beschleicht. Nachdem das Gewirr von Autobahnen hinter uns liegt, surren wir viele Kilometer unter einem tief hängenden, regengeschwängerten Himmel durch das Münsterland.

Abrupt hört der Regen auf. Ich öffne das beschlagene Fenster, um die letzte beschriebene Abzweigung zu entdecken. Unsere Augen erfassen Wiesen, umschlossen von Zäunen, eingebettet von Bäumen und anderem Grün, das zu dichten Hecken zusammenwuchs. Plötzlich eine kleine verborgene Lücke, kaum erkennbar, aber wohl ein Weg, der gemeint sein könnte. Kein Verbotsschild stoppt uns. Wir dringen ein in die Hecke, die den Weg frei macht. Und weiter geht dieser abenteuerliche Pfad, von dichtem Buschwerk gesäumt.

Unvermittelt schießen helle und dunkle Schatten über unseren Weg. Bremsen quietschen, das Heck des VW droht seitlich auszubrechen, die Fliehkraft bringt uns der Windschutzscheibe nahe.

Mit leicht zitternden Knien will ich den Ausstieg wagen, drücke mit aller Kraft die Wagentür auf, versuche auszusteigen, aber meine vierbeinige Gefährtin lässt mir keine Möglichkeit, zwängt sich zwischen den Sitzen hindurch, knallt in eine moorige Pfütze, taucht ein, rappelt sich auf, um den Schatten nachzuhetzen. Da häng ich nun, mit Schlammspritzern übersät, halb aus dem Auto und mit dem anderen Bein noch unter dem Lenkrad klemmend. Fassungslos blicke ich zu meinem Fuß, der versunken in der Pfütze steht und schaue mich hilflos um.

Fröhliche Gesichter umgeben mich und begrüßen mich herzlich. Namen von Menschen und Hunden umschwirren mein Ohr, die sich für mich kaum zuordnen lassen; gleichzeitig versuche ich, ihre Fragen zu beantworten, die auf mich einprasseln. Mein Name? MARIA BLUM, von meinen Freunden auch MERRY genannt, meine Golden-Retriever-Hündin hört auf den Namen SALLY, wenn sie hört, sie ist jetzt fast sechs Monate alt.

„Vorsicht!", ruft eine Stimme. Eine große Hundemeute rast auf uns zu, durchdringt und umkreist unsere Menschengruppe, deren Mitglieder sich plötzlich in eine sich in den Kniebeugen federnde, leicht wiegende Gruppe verwandelt.

„Schützt eure Knie!" Ein einziges Gewusel von Hundekörpern, wedelnden Ruten, gurrende Hundegesichter. „Hier ANTON, ENZO, LADY, CARA, JOY, ISA, EDDI", die schlagartig neben ihren Besitzern sitzen. Ein absolut beeindruckendes Bild für mich, da der einzige noch herumstromernde Hund meine SALLY ist, die versucht, die Gehorsamen durch freundliche Verbeugungen, Schnäuzchenlecken und Umkreisen aus der Ruhe zu bringen. Peinlich berührt versuche ich SALLY an die Leine zu nehmen, die mir aber immer wieder entwischt, durch meine Hände abtaucht und ständigen Kontakt zu den anderen Hunden sucht. Endlich hilft mir ein freundlich lächelnder älterer Herr aus meiner Not, indem er SALLY energisch packt. Schmunzelnd kommentiert der ältere Herr: „Da haben Sie aber noch einiges an Arbeit vor sich!"

Mein Unbehagen steigt vom Bauch zum Kopf, ich merke, dass meine Ohren rot werden, alles ist so peinlich, dieser Hund treibt mich noch in den Wahnsinn. Da hilft nur tiefes Durchatmen, zwischen meinen zusammengebissenen Zähnen quält sich „Das ist der Grund meines Hierseins" heraus. SALLY ist so ganz anders, entspricht überhaupt nicht den Beschreibungen über Golden-Retriever, in allen Büchern las ich nur von ihrer Großartigkeit. Unverständliche Blicke kommen von meinen Gesprächspartnern zu mir zurück. „Hat Ihre Hündin überhaupt Papiere?", fragt eine arrogante Stimme, die einer schicken Dunkelblonden im hellen Trenchcoat gehört. Irgendwie kommt sie mir bekannt vor. Ich traue mich kaum zu fragen bei so viel Unnahbarkeit: „Papiere? Möchten Sie ihren Impfpass sehen?"

„Nein, ja, doch, auch, aber ich denke hierbei an ihre Ahnentafel."
„Meine Ahnentafel! Woher wissen Sie von meiner Blaublütigkeit?" 🐕

_ _ *Retriever-Treffen*

„Stimmt, wir stammen aus altem ostpreußischem Adel". Prustendes Gelächter macht sich breit. Die Dunkelblonde zieht eine Augenbraue hoch, schaut mich kurz mit leicht zweifelndem Blick an und wirft genervt ein scharfes „Quatsch!" zurück. „Ich meine die Ahnentafel Ihres Hundes, die zeigt, dass Sie im Besitz eines reinrassigen Golden-Retrievers sind." Die Nackenhaare stellen sich mir auf. „Was denkt die sich bloß!", flüstert mir eine leise Stimme aus meinem Innern zu. „Bleib ruhig!", sagt eine andere Stimme. Dieser nette FRITZ empfahl dir doch eine Retriever-Übungsgruppe. Denk an die weite Fahrt. Ich atme tief durch, um meine Gemütsaufwallung zu glätten und den Ärger aus meiner Stimme zu nehmen. „Richtige Papiere, falsche Papiere, Impf-ausweis, ja was denn nun? Kann ich mitmachen oder nicht?"

Wieder kommt mein Retter mir zu Hilfe. Auf seinem grau melierten Bartgesicht liegt ein warmes Schmunzeln. Er spürt meine aufkommende Ungeduld und erklärt mir: „Wir alle hier führen reinrassige Retriever der unterschiedlichen Schläge." „Stopp, wieso Schläge?" Geduldig wird mir erklärt, dass es bei den Retrievern sechs Schläge gibt: den Curly-Coated-Retriever, den Flat-Coated-Retriever, den Chesapeake-Bay-Retriever, den Nova-Scotia-Duck-Tolling-Retriever, den Labrador-Retriever und den Golden Retriever. „Von so vielen unterschiedlichen Retrievern wusste ich gar nichts." „Ja, wie sind Sie denn auf diese Hunderasse gekommen?", fragt mich eine freundliche Brünette. „Was für eine Frage!", stöhnt die Dunkelblonde auf. „Bestimmt ein Kaffeewerbeopfer von Weihnachten!" „Apropos Kaffee, Leute, lasst es uns gemütlich machen, wäre doch langsam Zeit dafür."

Einige gehen zu ihren Autos und kommen mit grünen Rucksäcken oder Klappstühlen zurück. HERR BUHDE, der ältere freundliche Herr, schleppt einen Tapeziertisch herbei und baut ihn am Rand der riesigen Wiese unter einer Eichenkrone auf. ROSE, die Dunkelblonde, legt eine blütenweiße Tischdecke auf. Andere packen Picknickkörbe aus, rücken Klappstühle und zaubern aus ihren Rucksäcken bequeme Sitzhocker mit und ohne Lehnen.

Rose nimmt am Kopfende der Tafel Platz, legt sich lässig ihre Hunde-leine um den Hals und signalisiert mir, ihr Bericht zu erstatten, wie und warum und ob überhaupt es mir erlaubt werden kann, an ihrer erlauchten Hunderunde teilzunehmen.

Bleib ruhig, nur kein Mord im Effekt. Tief durchatmen. Meine Lungen werden aufgeblasen, sauerstoffangereichertes Blut gelangt in mein Gehirn, die Mordgedanken verfliegen 🐕

und ich erkläre, dass mehrere Überlegungen zu dieser Rasse geführt haben: „Als ich mit meiner Familie von der Großstadt aufs Land zog, gehörte für mich einfach ein großer freundlicher Hund dazu. Mein erster Gedanke war ein Neufundländer." „Ach, der Gedanke ist mir bekannt", wirft eine Mollige mit der Kuchengabel wedelnd ein, und wendet sich mir voller Aufmerksamkeit zu. „An ihn hatte ich wunderbare Kindheitserinnerungen. Erinnerte mich aber dann daran, dass unser BOBIE immer auf der Diele lag, es war ihm zu warm im Haus. Mein nächster Favorit war ein Bernhardiner, vielleicht noch ein Berner Sennenhund. Beim Kaffeeklatsch mit Freundinnen, war natürlich auch unser Hundekauf ein Thema. Das Für und Wider über Rassehunde, Hunde in der Gesellschaft und die vielen Tipps ließen mich immer mehr verstummen. Auf dem Heimweg nahm mich eine Bekannte mit, und sie erzählte mir begeistert von Golden-Retrievern, einer Hunderasse, deren Namen ich bis dahin noch nicht gehört hatte. Einige Zeit verging, unsere Hundesuche lag auf Eis. Als wir beim halbjährlichen Zahnarztbesuch im Wartezimmer saßen, zeigte mir meine ältere Tochter ein Hundebild: „Mama, den Hund möchte ich haben, der schaut so lieb." Mit stolzer Stimme las sie: „Golden-Retriever."

„Immer dieser Retriever, ich kann es nicht mehr hören", wirft die Unnahbare ein. „Dass die Leute heutzutage noch immer nicht Englisch sprechen können." „Natürlich stand dort Golden-Retriever, aber ich fand es von meiner Siebenjährigen schon toll, dass sie unter all den Wartenden mutig aus der Zeitung vorlas. Zu Hause bestürmten beide Mädels dann ihren Vater mit dem Foto. Schnell waren wir uns einig: Das sollte unser neuer Hausgenosse werden. So gingen wir in die nächste Buchhandlung und kauften uns ein Rasseporträt." „Ja, so ähnlich ist es wohl vielen von uns gegangen", wirft jemand ein. Bevor die Nervensäge im Trenchcoat, aber ohne Charme, wieder ihre Fragerei nach den Papieren aufgreifen kann, möchte ich rasch fortfahren, doch zu spät! „Aber jetzt mal wieder zur Sache mit den Papieren, hat sie nun, oder hat sie nicht?"

Ihre Kuchengabel stößt wuchtig in ein Tortenstück, das auf ihrem Teller landet und ein großer Biss davon zwischen ihren kirschrot leuchtenden Lippen. Mein Gott, geht diese Tussie mir auf die Nerven!

„Also, ich habe den Hund durch eine Welpenliste des DEUTSCHEN RETRIEVER CLUBS gefunden." Die nette Brünette macht den fröhlichen Einwurf: „Na, da waren Sie klüger als manch andere! Nicht wahr, ROSE?" Die Tussi verdreht die Augen. Ihre Stimme nimmt an Schärfe zu. „Was soll das, MAUSI!" Aha, MAUSI wird die Brünette mit den lustigen Lachfalten um die Augen genannt. Doch die lässt sich nicht mehr stoppen. Voller Freude berichtet sie den Umsitzenden:

„Unsere liebe ROSE hat nämlich ihren ersten Hund vom EICHENHOF. Der Kreis der Zuhörer schwillt beim Namen EICHENHOF noch um einiges an. Neugierde, Schadenfreude und Interesse signalisieren die Zuhörer mit dem aufmunternden Satz: „Erzähl doch mal, ROSE!" Unbehagliches Fußscharren und ein leises zwischen den Zähnen hervorgepresstes „Immer diese alten Kamellen von dir, MAUSI" machen diese doch eigentlich unmögliche Person plötzlich sehr menschlich. Sie tut mir in diesem Moment leid, und ich möchte gerade Luft holen, um weiter von meinem Hundekauf zu berichten, als sie ihre Schultern spannt und zu ihrem herablassenden Ton zurückfindet. Mit großspuriger Stimme lässt sie uns wissen: „Gut, ich lasse euch hiermit teilhaben und ihr habt die Möglichkeit, von meinen Fehlern der Vergangenheit zu lernen.

Es war Anfang Mai 1997, unser zehnter Hochzeitstag stand vor der Tür, mein Gatte GEORG suchte händeringend ein absolut ultimatives, einmaliges, unverwechselbares Geschenk zu diesem festlichen Anlass. In der FAZ warb dieser Züchter vom EICHENHOF für nette Hundewelpen aller Rassen. GEORG fiel diese großräumige, sehr ansprechende Anzeige beim morgendlichen Lesen ins Auge. Wer denkt denn schon an kriminelle Händler, wenn es in der FAZ steht. Kurzum, als er wie jeden Morgen auf dem Weg zum Büro im Stau stand, rief er kurz entschlossen dort an und machte sich im Laufe des Tages auf den Weg. GEORG war sehr zufrieden, denn man konnte sofort einen Welpen mitnehmen. Dieser wurde auch noch schön verpackt, als man hörte, dass der Hund ein Geschenk sein sollte." „Eingepackt in einen Geschenkkarton, oder wie?", ertönte es von den Umsitzenden.

„Natürlich nicht!" Roses Stimme wurde noch um einige Nuancen schärfer. „Der süße Hund bekam eine supertolle rote Satinschleife um seinen Hals, die ihn sehr zierte. Georg war rundum zufrieden.

Die ganze Kaufaktion verlangte ihm nur knapp 20 Minuten ab, sodass er den nächsten Termin mit einem Kunden einhalten konnte. *Time is money!*" Leises Raunen, unverständliches Kopfschütteln und vieles mehr ist in den Gesichtern zu lesen. Glucksend stellt mir MAUSI die Frage: „Konnten Sie Ihren Hund auch so schnell und ideal verpackt mitnehmen?" „Nein, wir sind nach etlichen Telefongesprächen quer durch Deutschland nach Dänemark gefahren. Dort haben wir den Züchter besucht, seine Hunde gesehen, gegenseitig Fragen beantwortet, intensivst Hunde gestreichelt, die Kinder durften mit ihnen spielen. Wir hatten wohl alle einen sehr guten Eindruck voneinander, denn zum Abschied sagte der Züchter uns einen Welpen zu, nach Möglichkeit eine Hündin."

_ _ *Leinen ab und los!*

„Warum denn unbedingt eine Hündin? Also ich wollte immer nur Rüden haben", kommt der unverständliche Einwurf eines Mannes von großer, alles überragender Statur. „Der Züchter begründete es für uns. Zum einen hatte er sich aus meinen Berichten gemerkt, dass in unserem Dorf überwiegend Hündinnen gehalten werden. Ein Rüde hätte also häufig, bedingt durch die Läufigkeit der Hündinnen, mit Liebeskummer zu tun. Andererseits fand er eine Hündin für eine Ersthundebesitzerin leichter zu führen. Mein Einwand, dass ich mit Hunden aufgewachsen bin, wischte er mit der Frage fort, ob ich für die Hunde alleinverantwortlich war? Nein, natürlich nicht, das machten meine Eltern. All diese Überlegungen führten schlussendlich zur Entscheidung für eine kleine Hundedame."

„Ja, aber warum nicht von einem deutschen Züchter?", wirft Rose ein. Schallendes Lachen ertönt von den anderen. „Hast du schon einmal was von Europa gehört?" Rose schaut verständnislos in die Runde. Aber ich kann es nicht lassen, muss weitererzählen: „Zum einen gab es zu unserer gewünschten Zeit keine Welpen, oder die Würfe waren bereits vergeben, oder das gesamte Prozedere hat uns nicht gefallen." „Wieso Prozedere, meine Güte, was heißt das denn schon wieder?", fragt Rose. Der ältere, freundliche Herr antwortet prompt: „Procedere ist ein lateinisches Wort für Verfahrensordnung, weise; Prozedur. Prozedur gleich schwierige, unangenehme Behandlungsweise."

„Ist er ein wandelndes Fremdwörterlexikon?", ruft spontan jemand aus dem Kreis. „Nein, Latein-
lehrer mit Namen BUHDE. Mit h in der Mitte", wirft HERR BUHDE mit ernster Miene ein. Eine
nette Dame links von mir fragt: „HERR MÜLLER, sollen wir die Hunde nicht spielen lassen?"
„Aber sicher, deswegen treffen wir uns doch. Also, Leinen los, ihr Racker!" Moxonleinen werden
über Hundeköpfe gezogen und finden ihren dekorativen Platz um den Hals ihrer Besitzer.
SALLY ist kaum noch zu halten. Wie ein kleines Wildpferd verrenkte sie sich, um ihren Kopf
aus der Schlinge zu winden. Mit fliegenden Ohren saust sie den anderen nach. „Das hört sich
ja alles reizend an. Doch leider haben Sie meine Frage noch immer nicht beantwortet. Hat Ihre
super ausgesuchte Hündin Papiere des dänischen Kennel Clubs?" „Meinen Sie jetzt den Zwinger,
Züchter oder was?" Ein herablassender Blick der Dunkelblonden trifft mich. Sie verdreht wohl
meiner unerträglichen Dummheit wegen die Augen, zieht die Schultern hoch, greift zur Kaffee-
tasse mit einem süßen Retrieveremblem, nimmt einen kräftigen Schluck und wendet sich ihrem
Nachbarn zu, auf der Suche nach einem klügeren Gesprächspartner.

HERR MÜLLER schiebt mir aufmunternd einen Teller zu, auf dem ein perfekt aussehendes
Stück Käsekuchen thront. „Denn müssen Sie unbedingt probieren! Eine Spezialität meiner
Frau." Mit leicht geschlossenen Augen führe ich die Gabel zum Mund, um dieses Produkt erst-
klassiger Backkunst gebührend zu genießen. 🐕

Mich trifft ein Schlag auf den Musikantenknochen, mit weit geöffneten Augen sehe ich diesen wunderbar anmutenden Bissen von der Gabel hinab, in einen weit aufgerissenen Schlund eines lauernden Vierbeiners segeln. Mit lautem Schmatz wird der Kuchen aufgenommen.

Große, tiefdunkle Augen fixieren meinen Teller; eine riesig lange rosige Zunge leckt sich über die Schnauze. „Typisch CHARLY, ein unmögliches Benehmen, aber er schätzt ungemein den Käsekuchen seines Frauchens. Da hilft nur teilen. Komm zu mir, mein Guter! Frauchen hat auch für dich einen kleinen Extra-CHARLY-Käsekuchen gebacken."

CHARLY setzt sich flink neben den Stuhl seines Herrchens. „Schauen Sie nicht so perplex, FRAU BLUM, meine Frau backt für CHARLY den Käsekuchen immer mit Rapsblütenhonig, Sahnequark und wunderbar frischen Eiern vom Bauern, gell, CHARLY, das magst du besonders gern." Ein langer Speichelfaden fließt beidseits aus CHARLYS halb geöffnetem Maul. Sein Herrchen versucht die Alufolie zu öffnen. Das raschelnde Geräusch lässt CHARLYS vordere Zähne wie bei einem Schüttelfrost aufgeregt aufeinanderklappern. Dann formt HERR MÜLLER die Alufolie um den Kuchen herum zu einem Teller und legt ihn zwischen sich und CHARLY auf den Boden. Da liegt er nun, liebevoll drapiert – ein gelb schimmernder, herzförmiger kleiner Käsekuchen. CHARLY lässt ein leises Stöhnen vernehmen. „Ruhig, mein Guter", antwortet HERR MÜLLER. Der Hund sitzt angespannt wie ein Flitzebogen, seine großen Ohren sind aufmerksam nach vorn gerichtet. HERR MÜLLER lässt seinen Blick hoch zur Baumkrone gleiten, dann über die Tafel hinweg zum Horizont, dann entspringt seinen Lippen ein leises „Für dich, CHARLY!"

Dann wendet HERR MÜLLER sich mir zu: „FRAU BLUM, bringen Sie doch beim nächsten Treffen einfach alle Papiere Ihres Hundes mit, wir sehen dann weiter. Ich denke schon, dass Ihr Hund die richtigen Papiere besitzt." „Okay. Treffen Sie sich wieder hier, auf dieser Wiese?" „Warten Sie, ich habe noch eine Wegbeschreibung im Wagen liegen." Gemeinsam machen wir uns auf, zu der langen Schlange parkender Wagen. Dort angekommen, klettert er auf das Trittbrett eines großen hohen Geländewagens und taucht in dessen Inneres ab. Mit „Wer suchet, der findet!" taucht er stöhnend wieder auf und drückt mir einen eselsohrigen Zettel in die Hand. Ich drehe mich wieder um zu der weiten Wiesenfläche. Die Kaffeetafel liegt verlassen da. „Oh Gott, wo sind die Hunde abgeblieben, wo die Menschen?" „Bestimmt dort hinten, im Graben am anderen Ende der Wiese", meint HERR MÜLLER gelassen. Wieder taucht er ins Wageninnere ab, zieht Gummistiefel hervor und wechselt seine Fußbekleidung.

Gemeinsam machen wir uns dann auf den Weg. Nach wenigen Schritten quatscht das Wasser in meinen Schuhen, und mir wird klar, warum hier alle Gummistiefel tragen. Immer deutlicher zeichnet sich die Menschengruppe vom Horizont ab, sie stehen am Ufer eines tiefen Grabens, der von sich windenden Hundeleibern durchwühlt nur noch eine einzigartige braune Brühe zeigt. Mir stockt der Atem. Ein schriller, hysterischer Klang streift mein Ohr. „SALLY, hier zu mir!"

Aus den Tiefen des Gewühls taucht ein heller Hundekopf auf, löst sich unter einigen Mühen von seinen Spielgefährten und erklimmt triefend das Ufer. Sally schüttelt sich voll eindeutigen Wohlbehagens.

Eine befriedigte Stimme lässt verlauten, dass so ein richtiger Retriever sich bei Wasser verhalten muss, sich so richtig reinlegen, egal wie schmutzig es ist. SALLY findet die ganzen Kommentare super. Ihre Rute wedelt wie ein Hubschrauberrotor, ihre Augen blicken mich lustig an, sie setzt zum Freudensprung an. Ich kann nur noch entsetzt zur Seite springen, greife sie am Nacken und leine sie rasch an. „So, mein Fräulein, für uns ist es jetzt Zeit, heimwärts zu fahren!" Lachende Stimmen rufen hinter uns her: „Also tschüs, und bis nächste Woche!"

Am Auto angekommen, suche ich hinter den Rücksitzen nach Handtüchern. Doch leider ist auf den ersten Blick nichts zu finden. „Wir sind schlecht ausgerüstet, SALLY. So können wir nicht heimfahren. Lass mich mal unter die Haube sehen, was sich dort finden lässt." SALLY plumpst müde ins Gras. Ich wuchte die Haube auf, ein unbeschreibliches Chaos kommt mir entgegen. Luftmatratze, Zange und Hammer, eine feste Anglerschnur, und siehe da, die alte Picknickdecke von OMA LUISE taucht aus all dem Gerümpel auf. „Super SALLY, die und die Luftmatratze nehmen wir für dich." Gesagt, getan. Rasch klappe ich die hinteren Sitze um, lege die Luftmatratze aus, breite die Decke darüber und fordere SALLY zum Einsteigen auf. Doch die liegt schlafend neben dem Reifen. „Hallo SALLY, aufwachen, du kannst einsteigen." Endlich habe ich sie im Wagen und wir können losfahren. Erdklumpen schlagen rumpelnd aus dem Radkasten als wir die Straße erreichen. Eine schläfrige Stille macht sich breit, unterstützt vom gleichmäßigen Surren des Wagens. SALLYs tiefe Atemzüge zeugen von erholsamem Schlaf, meine Gedanken durchwandern den erlebten Nachmittag und ich denke nur: „Was für ein Tag!"

_ _ *Uhhhhahh ... Glatteis!*

Barbara Tybussek mit Golden-Retriever-Hündin Biene

BÜROHUND UND BENJAMINIBLÄTTER

Eines schönen Tages entdeckte meine junge Golden-Hündin BIENE, dass man Blumenerde essen kann. Besonders lecker scheint diese zu sein, wenn sie frisch gegossen und so richtig matschig ist. Doch nicht nur das Kulinarische ist ein Erlebnis: Immer, wenn man als kleiner Bürohund zu einem Blumentopf unterwegs ist, hat man sofort die volle Aufmerksamkeit seines Menschen. Schließlich macht sich Blumenerde auf einem blauen Büroteppich nicht so gut. Da bei uns im Büro auch Benjaminis stehen, deren Blätter für Hunde giftig sind, passte ich also auf wie ein Luchs, wenn BIENE mal wieder ihren Ich-bin-gelangweilt-Blick aufsetzte und sich in Richtung einer Pflanze auf den Weg machte. Durch mein „Nein" ließ sie sich auch schnell wieder von ihrem Vorhaben abbringen. Nach einiger Zeit hatte ich das Problem im Griff – dachte ich. BIENE ließ die Erde in Ruhe, braver Hund.

Es dauerte nicht lange, da hatte BIENE eine neue Idee: Benjaminiblätter pflücken und apportieren. Denn immer, wenn man als kleiner Hund ein Geschenk zu seinem Menschen trägt, freut sich dieser und ruft mit hoher Stimme: „Apport, feiiiiin, Apport ...!" Hm – was tun? Ehrlich gesagt, war mir bei Benjaminiblättern so ziemlich egal, ob BIENES Dummykarriere hier enden würde oder nicht. Sie sollte die Blätter in Ruhe lassen! BIENE war sichtlich irritiert. Ihre Körperhaltung und ihr Gesichtsausdruck, wenn sie mir wieder unterwürfig ein neues Blatt anbrachte, waren einfach zu niedlich. Doch ich blieb unerbittlich, bis BIENE endlich begriff, dass man Benjaminiblätter weder pflücken noch tragen darf.

Die Wochen vergingen und die Missetaten mit Blumenerde und Benjaminiblätter waren längst vergessen. Da BIENE immer besser hörte, an Besuchern nicht mehr hochsprang und auch sonst ein wirklich netter Bürohund geworden war, vergaß ich eines Tages zu organisieren, wer die Kleine im Blick behalten sollte, während ich zu einem Meeting mit Kunden im Konferenzraum verschwand.

Wie das so ist, fühlte sich natürlich niemand verantwortlich, schon gar nicht bei einem so lieben Hund, der ja alt genug war, sich ordentlich zu benehmen.

BIENE folgte mir wie immer bis vor die Glastür des Konferenzraums. Sie setzte sich davor und sah mich aufmerksam an. Ich ignorierte sie. BIENE legte sich irgendwann vor die Tür und setzte ihren Komm-raus-ich-bin-gelangweilt-Blick auf. Ich ignorierte sie weiter. Schließlich war ich im Businessmeeting und außerdem muss so ein kleiner Hund auch lernen zu warten. Als ich das nächste Mal zu ihr hinsah, war sie weg. Aha, dachte ich, sie wird in ihr Körbchen unter meinen Schreibtisch gewandert sein oder ein Kollege hat sich ihrer erbarmt. Plötzlich schien mein Besucher sehr abgelenkt, ein breites Grinsen wanderte über sein Gesicht.Schlimmes ahnend drehte ich mich zur Glastür um. BIENE stand wedelnd davor und präsentierte einen riesigen Benjaminiast! Gesicht, Brust, Vorderpfoten und der Teppich waren voller schwarzer Erde! BIENE musste sich richtig angestrengt haben für dieses Geschenk, das ihr – wie von ihr erwartet – sofort meine volle Aufmerksamkeit einbrachte.

*Tarja Gromes mit Golden-Retriever-Rüde Tex

RETTER AUF VIER PFOTEN

An einem sonnigen warmen Sommertag fahren Golden Tex, Flat Rico, Cairn-Terrier-Welpe Piefke und ich an die Örtze, einen kleinen Fluss mitten in der Lüneburger Heide. Die Örtze ist ein idyllischer Nebenstrom der Aller, in malerischer Landschaft gelegen. Doch mitunter kann sie eine recht beachtliche Strömung entwickeln, so auch an diesem Tag. Wir laufen entlang des Ufers und die Hunde rennen über die Wiesen, schnüffeln mal hier und mal da. Ab und zu laufen sie an den Rand des Ufers und waten im Wasser. Welpe Piefke vergnügt sich ebenfalls am Uferrand. Dabei tapst er ganz unbedarft immer näher ans Wasser heran.

Plötzlich reißt ihn die Strömung mit sich, und ehe ich die Situation begreife, treibt er schon mitten im Fluss. Der Strom ist viel zu stark für den kleinen Kerl – er paddelt wie wild, kommt dem Ufer jedoch kein Stück näher.

Ich bin gerade dabei, Piefke zu Hilfe zu eilen, da rennt Tex lautlos an mir vorbei, springt ins Wasser, schwimmt geradewegs auf Piefke zu und dem Strom folgend um ihn herum. Dann paddelt er langsam, sozusagen als Puffer zwischen Piefke und dem Strom, zurück ans Ufer. Tex bringt Piefke sicher an Land und beide Hunde schütteln sich erst einmal kräftig. Der kleine Hund ist völlig erschöpft, doch hat er den Ausflug unbeschadet überstanden.

Tex kommt zu mir, wir schauen uns an. In diesem Moment finden meine Gefühle einen einzigen Ausdruck und ich kann meinen Großen nur durch einen Tränenschleier betrachten.

* Uwe Klatt mit Golden-Retriever-Hündin Anna

BANGEN EINES ZÜCHTERS

Das Jahr 1985 war wahrhaft geschichtsträchtig – BORIS BECKER gewann als erster Deutscher das Tennisturnier in Wimbledon und wir kamen auf den Retriever. Unser Schäferhund ist damals mit vier Jahren viel zu früh verstorben und wir suchten dringend Ersatz. Auf dem Hundeplatz sind uns zwei ausgesprochen schöne Hunde aufgefallen, deren Halter wir flüchtig von anderen Gelegenheiten her kannten. Wir suchten einen Hund für größere Spaziergänge und Radtouren; unsere äußerst präzisen Vorstellungen lagen bei mittelgroß, kein Jagdhund, auf keinen Fall eine Hündin, na ja, und viel Geld konnte ein Mischling auch nicht kosten.

Wie es der Zufall wollte, hatte die Hündin vom Übungsplatz einen Wurf von acht Welpen. Blauäugig fuhren wir hin, nur um ein paar Informationen einzuholen. Irgendwie lief von diesem Moment an alles aus dem Ruder und entzog sich völlig meiner Kontrolle.

Ruck, zuck hatte meine Frau einen Welpen im Arm: eine reinrassige Jagdhündin für 1.500 DM! Natürlich haben wir unsere ANNA behalten und fragten vorsichtig an, um welche Rasse es sich denn handelt; zu der Zeit war in unseren (Land-)Kreisen der Golden-Retriever nur wenigen bekannt. Nun hätte eigentlich eine schöne Zeit beginnen können – wenn da nicht die Züchter gewesen wären. Irgendwie hatten wir den Eindruck, den Hund nur geliehen zu haben, wir wurden ständig „kontrolliert". Doch aus dieser Kontrolle ist eine richtige Freundschaft geworden, und wir treffen uns seit über 20 Jahren fast wöchentlich zu einem Gläschen Wein.

Nach einem Jahr regten unsere Freunde an, ANNA auf einer Clubschau auszustellen; dieses Ansinnen haben wir zuerst weit von uns gewiesen. Doch es versteht sich von selbst, dass wir uns Anfang Juni 1986 auf den Fuldawiesen in Baunatal wiederfanden. Damals ahnten wir nicht, dass dieser Ausflug der entscheidende Schritt zur Zucht war. 🐕

Da es nur wenige Züchter gab, jedoch eine sehr große Nachfrage nach Golden-Retrievern, haben wir mit ANNA die notwendigen Prüfungen und Untersuchungen für die Zuchtzulassung gemacht und waren plötzlich eingetragene DRC-/VDH-Züchter.

Nun hatten wir eine Zuchthündin, aber keinen Rüden, und eine Zuchtberatung, wie sie der DRC heute anbietet, gab es damals noch nicht. „Fahrt doch zu LEIF URBAN, bei dem war auch schon FRAU BUSCH, und der soll einen tollen Rüden haben." Na ja, wo FRAU BUSCH war, konnte es nicht falsch sein, und LEIF URBAN wohnte quasi um die Ecke in HJÖRRING, Norddänemark, gerade mal 500 km entfernt. Zum Glück kannten wir LEIF und INGRID URBAN von Besuchen bei unseren Freunden, und so fuhren wir nicht ganz ins Unbekannte – aber natürlich viel zu früh! Es war wohl (sicherheitshalber) der neunte Tag. Und so vergingen die Tage.

Der Urlaub näherte sich dem Ende und wir wussten nicht, was wir machen sollten. LEIF riet uns, ohne ANNA nach Hause zu fahren. Nach erfolgtem Decken würde er uns entgegenkommen und den Hund bis zur Grenze bringen. Ach, du liebe Güte, den Hund in der Fremde lassen, das würden weder ANNA noch wir überleben. Aber wir fuhren doch nach Hause. Dort hatten wir verständlicherweise keine ruhige Minute. Zudem stand in einigen Tagen mein Geburtstag an; was würden Eltern und Bekannte sagen, wenn ANNA nicht da war. Keine Sorge, wir würden Mutter FRIDA bekommen, das merkt doch keiner. Gerade noch rechtzeitig rief Leif an, wir könnten uns am nächsten Tag an der Grenze treffen. Wir hatten unsere ANNA wieder!

Wer nun glaubt, ab jetzt lief alles rund, der irrt gewaltig. Die Wurfkiste war rechtzeitig aufgebaut und Anna hätte sie in Ruhe in Beschlag nehmen können.

Die Auskunft unserer befreundeten Züchter, die immerhin schon auf die Erfahrung von zwei Würfen zurückblicken konnten, beschränkte sich auf den Hinweis: Eigentlich gibt es keine Probleme, es sollte nur kein Hinterbein zuerst kommen. Es begann an einem Sonntagmorgen gegen 7:00 Uhr. ANNA lag auf dem Sofa und die Presswehen setzten ein. Wie sollte es auch anders sein – als Erstes erschien eine Hinterpfote. Telefonische Auskunft vom vorher informierten Tierarzt: Keine Sorge, in zehn Minuten ist der erste Welpe da. So geschah es auch. In den nächsten zwei Stunden wurden drei weitere Welpen geboren und nach einer längeren Pause ein toter Welpe. Als wenn das nicht schon genug wäre, tat sich die nächsten zwei Stunden nichts. Wieder Anruf beim Tierarzt: Wir sollten mit ANNA kommen und die vier Welpen mitbringen. Also in leichter Panik zum Tierarzt. Nach kurzer Untersuchung – ein Welpe lag quer – gabs nur eins: Kaiserschnitt. Auf meine besorgte Frage, ob die Welpen denn leben würden, meinte der Tierarzt: „Warum sollten sie nicht leben?"

Dann ging aus meiner Sicht alles ganz schnell. Der Frau des Tierarztes wurde verkündet, sie könne das Essen vom Herd nehmen. Dem zum Essen eingeladenen Humanmediziner wurde gesagt: „Jetzt kannst du mal sehen, wie es beim Hund vor sich geht."

Meine Frau, ausgebildete Krankenschwester, wurde ans Narkosegerät gestellt und mir befahl der Tierarzt sehr bestimmt: „Sie gehen raus!" Da die Tür offen stand, konnte ich sehen, in welcher Geschwindigkeit die noch in der Hündin verbliebenen Welpen ans Tageslicht geholt wurden. Nach kurzer Zeit hatte fast jeder der Anwesenden einen kleinen Retriever im Arm, um ihn mit einem Handtuch trocken zu rubbeln. Auch ich hatte plötzlich so einen kleinen feuchten Wurm im Arm mit der Anweisung: „Ordentlich rubbeln!" Gleich darauf bekam ich den deutlichen Hinweis: „Nicht kraulen – rubbeln!" Meine Güte, dachte ich, man kann doch so ein zartes Wesen nicht so grob behandeln. Aber auch mein Welpe begann zu atmen.

So bewegten sich nach einer guten Stunde fünf quirlige Welpen auf dem Behandlungstisch. Da auch ANNA inzwischen aus der Narkose aufgewacht und versorgt war, konnten wir mit allen neun Welpen beruhigt nach Hause fahren. Zurückgelassen hatten wir einen Tierarzt, der mit intensiven Reinigungsarbeiten beschäftigt war, und einen Humanmediziner, der um ein sicher sehr delikates Mittagessen gebracht wurde. Zu Hause brachten wir Mutter und Kinder in die Wurfkiste, wo ANNA erst einmal erschöpft einschlief.

Auch wenn die Beratung viel besser und die Erfahrung größer geworden ist, so sind wir auch heute noch vor keinem Wurf weniger nervös als vor über 20 Jahren. 🐕

_ _ *Und schnell weg!*

Marion Oberender mit den Curly-Coated-Retriever-Rüden Ulothrix & Moses

EIN HUNDELEBEN

Das Licht des Kaminfeuers umspielt ihre sich bewegenden Körper,
tiefe Atemzüge zeugen vom erholsamen Schlaf.
Ihre Beine laufen, sind auf der Jagd.
Hohe japsende Laute unterbrechen die schläfrige Stille,
dann ein tiefer Atemzug – Strecken der langen Gliedmaße,
der Schlaf zieht ruhiger seine Bahn.

--

Bärte und Fell ergrauen, sie haben die Lebensmitte weit überschritten,
so wie ich, die mit ihnen eine tiefe Verbundenheit verspürt.
So schnell verging diese Zeit. Einblicke in die Welt des anderen,
voneinander lernen, Unaussprechliches fühlen,
das Anderssein akzeptieren, um endlich einander zu verstehen.

--

Den Einklang der Natur für Momente erleben, im Fühlen und Denken,
ohne Worte stumm über unseren Körper, seinem Sprachvermögen,
dem wir im Leben unter Gleichen nur wenig Beachtung schenken.
Eine tiefe Demut umfängt mich,
macht mich wieder offen und geduldiger für die Welt der Menschen.

Wir haben mehr Zeit miteinander verbracht,
als ein altgedientes Ehepaar.

BIRDIE – EINFACH UNERSETZLICH!

Mein Name ist KIM LEA, ich bin 15 Jahre alt und besuche die 9. Klasse des Humboldt-Gymnasiums in meiner Heimatstadt Karlsruhe. Ich wurde mit einer spastischen Behinderung geboren und muss daher im Rollstuhl sitzen, kann mich aber mithilfe von Gehstöcken zu Hause selbst fortbewegen. Seitdem die dreijährige schwarze Labrador-Retriever-Hündin BIRDIE, die zur Assistenzhündin ausgebildet wurde, bei mir lebt, ist mein Leben vollkommen. Mit ihr ist mein allergrößter Traum, den ich seit über vier Jahren hatte, in Erfüllung gegangen. In sechseinhalb langen und auf eine schöne Art anstrengenden Wochen wurden wir in den Sommerferien zusammengeführt.

Ich hatte den Tag, an dem Birdie bei mir zu Hause einzog, schon lange herbeigesehnt. Nun war er endlich gekommen. Das Witzige an der Sache war, dass ich bis zum Abend nichts davon wusste.

Ich dachte, BIRDIE käme nur zu mir nach Hause, um ihr zukünftiges Heim und dessen Umgebung kennenzulernen, wie das die vorhergehenden Tage der Fall gewesen war. Ich hätte nie gewagt, Vermutungen darüber anzustellen, wann die Ausbilderin BIRDIES so zufrieden mit unseren Fortschritten wäre, dass sie die Hündin unserer Familie bedenkenlos übergeben kann.

Und doch, obwohl ich wusste, dass eine solche Entscheidung gut überlegt sein muss, hoffte ich natürlich, es möge bald geschehen. Ich hatte wirklich überhaupt nicht damit gerechnet, dass dieser Wunsch, der in mir wie ein unauslöschliches Feuer brannte, so bald, an diesem denkwürdigen 3. September des Jahres 2008, in Erfüllung ging.

Umso größer war die Freude, als mir abends eröffnet wurde, dass BIRDIE hierbleiben würde. Ich wollte es erst gar nicht glauben: „BIRDIE bleibt wirklich hier? Für immer? Das ist doch ein Scherz, oder?" Das oder so etwas Ähnliches habe ich gesagt, als mich alle erwartungsvoll ansahen, nachdem ich die großartige Neuigkeit erfahren hatte. Ich glaube, das Wort großartig ist dafür viel zu klein, zu nichtssagend. Sie konnten mich schließlich davon überzeugen, dass sie mich nicht auf den Arm nahmen.

Erst einmal musste ich tief Luft holen, um zu verhindern, dass ich vor lauter Glück platzte; dann hätte ich die ganze Welt umarmen können.

Nachdem sich die Aufregung etwas gelegt hatte (die Betonung liegt auf etwas, denn in meinem Inneren herrschte noch immer Aufruhr) und BIRDIE auf einem ihrer vier Schlafplätze döste, schnappte ich mir das Telefon und teilte meine unbändige Freude mit den Menschen, die mir neben meinen Eltern am meisten am Herzen liegen: mit meinen Großeltern, meiner Tante, meinem Onkel, meiner Cousine … auch FRAU KREIDLER, die Gründerin von VITA Assistenzhunde e. V., wollte ich informieren.

Ich sei ganz atemlos, meinte sie. Ja – atemlos, weil eben mein allergrößter Traum, den ich seit über vier Jahren hatte, sich verwirklicht hat. BIRDIE ist für mich unersetzlich – ob sie voller Enthusiasmus auf mich zurennt, mich von oben bis unten ableckt, mir schwanzwedelnd einen hinuntergefallenen Gegenstand aufhebt und bringt oder einfach nur bei mir ist, wenn es mir nicht gut geht. Sie ist meine treue Freundin auf vier Pfoten!

Marita Szillus mit den Labrador-Retriever-Hündinnen Lizzy & Emmi

WIE MEIN HUND AN DIE ENTE GEFÜHRT WURDE

Wir hatten uns für diesen Tag das jagdliche Training Wasserarbeit ausgesucht. Die Enten waren aufgetaut und wir fuhren an ein Schilfgewässer, um auch mit meiner jüngsten Labrador-Hündin Lizzy die Suche im Schilf zu üben. Mit dabei meine Hündin Emmi – Lizzys Mutter, drei Jahre – und eine Freundin mit ihrer einjährigen Labrador-Hündin. Emmi hat im letzten Herbst erfolgreich die BLP/R absolviert. Sie ist diesbezüglich also bereits eine erfahrene Hündin.

Nun also los: Die älteren Hunde wurden weiter oben am Ufer abgelegt, und Lizzy hatte bereits zwei Apporte aus dem Wasser und eine kleine Suche aus dem Schilf heraus zu mir gebracht. Aber nur vom Rand des Schilfs, sie musste noch nicht tief hinein zum Suchen. Meine Freundin ging um das Gewässer herum, um von der anderen Seite eine Ente hinter das Schilf ins Wasser zu werfen. Sie war davon überzeugt, Lizzy würde das schon schaffen. Ich schickte meine Hündin los und versuchte, sie so zu lenken, dass sie erst durch das Wasser am Schilfgürtel entlangschwimmen sollte, um dann nach einer Kurve hinter das Schilf zu gelangen.

Aber Lizzy drehte nach ein paar Zügen entschlossen ab und stürzte sich ins Schilf. Schließlich hatte sie es dahinter platschen hören.

Sie folgte ihrem Gehör und kämpfte sich durch das Schilf – gab aber nach ein paar Minuten auf und kehrte zu mir zurück. Das war ihr wohl doch zu unheimlich; es war zum Teil auch sehr modderig-sumpfig, aber nicht tief. Ich setzte sie ermeut an und sie versuchte es noch einmal – wieder vergeblich und bereits leicht frustriert. Da schoss plötzlich ein gelber Hund an mir vorbei und stürzte sich in die Fluten – Emmi! Ich dachte nur: „So ein Mist!", und wollte sie gerade zurückpfeifen, da sprang auch Lizzy ins Wasser und schwamm hinter ihrer Mutter her.

_ _ *Warte, ich helf dir!*

EMMI drehte sich immer wieder um, als wollte sie sagen: „Komm, meine Kleine! Ich zeige es dir!" Man sah deutlich, was sie vorhatte, und ich ließ sie gewähren. Sie wollte ihrer Tochter den Weg zur Ente zeigen! Ganz ruhig schwamm sie am Schilfgürtel entlang, nahm die Kurve um das Schilf herum und kam direkt zur Ente. Ich konnte sie jetzt nicht mehr sehen, aber meine Freundin, die auf der anderen Seite stand, schilderte mir, was dann geschah. EMMI schwamm zielstrebig auf die Ente zu, die LIZZY immer noch nicht gesehen hatte.

Sie schwamm immer wieder um die Ente herum, hegte aber keinerlei Anspruch auf diese, sondern zeigte Lizzy an: Hier ist die Ente. Sie schien ihr mitzuteilen: „Nimm die Ente und bring sie zu Frauchen!"

LIZZY tat, wie ihr geheißen, nahm die Ente vorsichtig ins Maul und beide Hunde schwammen zu mir zurück. Dieses Mal ließ EMMI ihre Tochter vorausschwimmen. LIZZY stieg aus dem Wasser und brachte mir stolz die Ente, die ich ihr mit Tränen in den Augen abnahm.

Es gibt *auf der Welt* keinen besseren

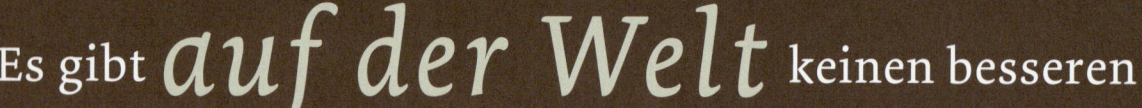

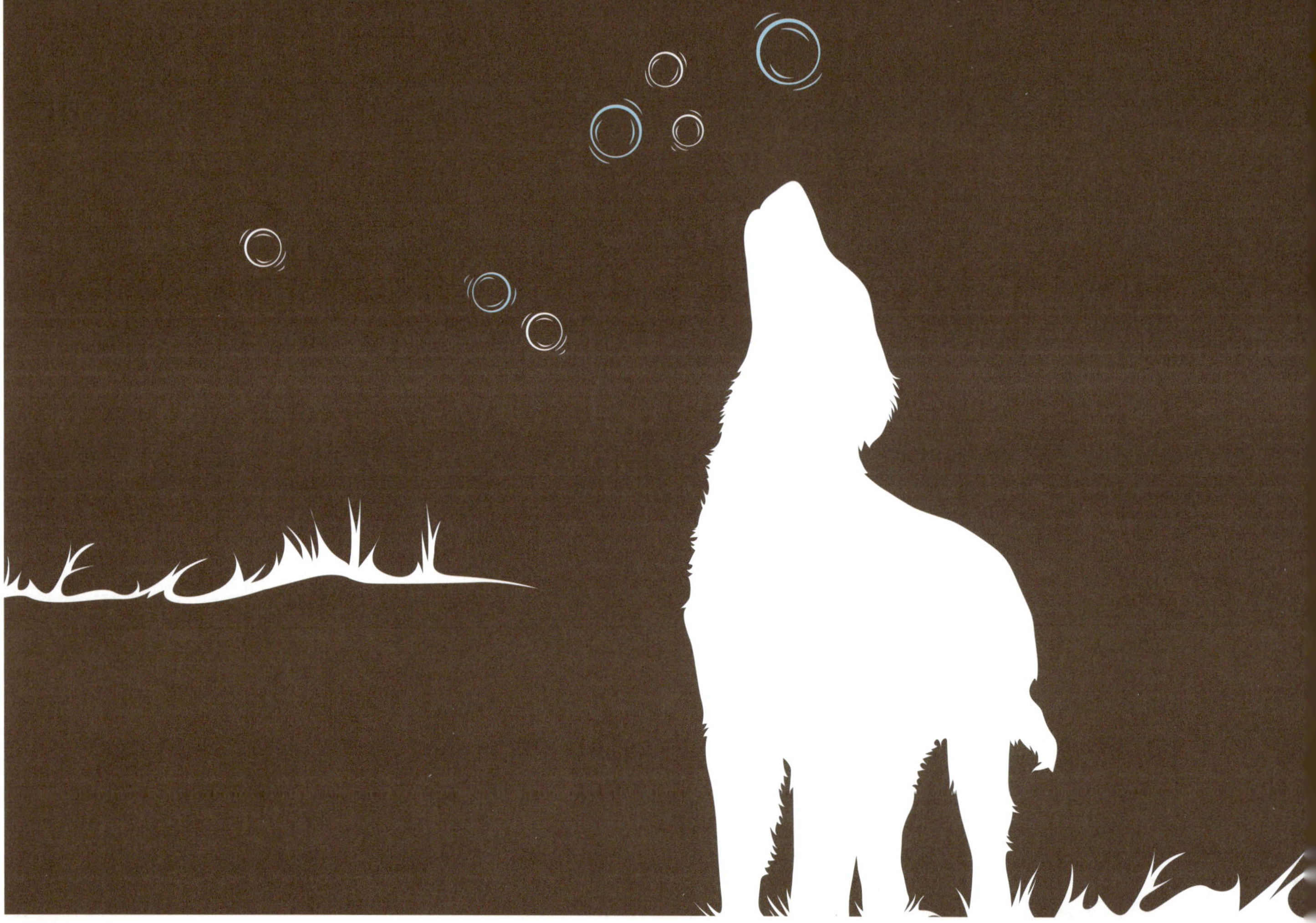

Psychologen, als einen WELPEN,

der dein Gesicht leckt.

- BEN WILLIAMS -

* Anja Wolf mit Golden-Retriever-Hündin Tinker

SEEHUND AHOI!

Unsere TINKER – ein Golden-Retriever-Mädchen – ist ein Hund, der mich immer wieder zum Lachen und Weinen bringt. Schon als Welpe hat Madam es verstanden, die zweibeinigen Mitgeschöpfe um die Pfote zu wickeln. Ein Blick mit den großen schwarzen Knopfaugen und die Welt war wieder in Ordnung. Seit fast drei Jahren ist sie nun unser ständiger Begleiter – ob in der Uni, der Schule, der Lehrerkonferenz, beim Friseur, beim Candle-Light-Dinner oder in der Umkleidekabine. Und in unseren Kanadierurlaub im Spreewald begleitet sie uns ebenfalls. Der Kanadier wurde nur angeschafft, damit Madam uns bei den Bootstouren begleiten kann.

Bootfahren an sich ist schon eine wacklige Angelegenheit, aber wenn ein 25 kg schwerer „Ich-bin-in-Urlaubsstimmung-Hund", das heißt: „Ich kann mich aufführen wie ein Welpe und höre so gut wie eine taube Hundeoma", an Bord Platz nimmt, nutzt auch die beste Bootserfahrung überhaupt nichts.

Das Boot wackelt wie bei starkem Seegang und bewegt sich so unvorhergesehen, dass nur noch exzellente Reaktionsfähigkeit und viel Glück vor dem Familienbadeurlaub schützen können.

Aber ohne unseren geliebten Seehund wären solche Touren doch nur halb so schön. Schon der Beginn einer Bootstour beschert dem halben Campingplatz beim Frühstück interessante Unterhaltung. Hinter dem Zelt beladen wir unser Boot mit allerlei Dingen, die wir für den Tag brauchen. Solche Aktionen rufen natürlich die kleine weiße Zeltratte TINKER auf den Plan. Dinge wegtragen, das kann sie auch, und was Frauchen ins Boot hineinlegt, das kann Hund auch wieder herausholen. Auf dem Weg zum Boot und zum Objekt der Begierde, dem Essenskorb, nimmt Madam noch ein paar Zeltheringe mit und wickelt die Stangen des Vordachs

_ _ *Bootsfahrt mit Hund.*

häkelmustergleich in ihre lange Leine. Die Handtücher vom Vortag hängen zwar noch an der Zeltleine, aber die sollten doch sowieso gewaschen werden, oder? Nach einer Weile ist die Leine endlich entknotet, das Zelt wieder aufgestellt, das Boot reisefertig und der Hund an der kurzen Leine.

Die Kolonne setzt sich in Bewegung. Vorn TINKER, die schnellstmöglich ans bzw. ins Wasser will – allerdings ohne Boot –, dahinter das Frauchen, das mit der einen Hand an der Leine hängt, mit der anderen noch das 35-kg-Boot trägt, und hinten das Herrchen, das darum bittet, doch auf dem Kiesweg zu laufen und nicht sämtliche Zeltleinen der umstehenden Zelte zu überqueren. Am Anlegesteg angekommen, haben wir schon wieder etliche Zuschauer. Den Ratschlag, wir könnten doch unseren Seehund vorn ans Boot binden und uns im Wasser von ihm ziehen lassen, hören wir täglich. Vielleicht sollten wir es wirklich mal probieren? Ein- und Aussteigen hat immer eine festgelegte Reihenfolge. TINKER ist bei beiden Aktionen die Erste.

Für ein Leckerchen springt sie elfengleich in den Bug des Schiffes und setzt sich wie eine Galionsfigur ganz an die Spitze. Mit hoch aufgerichtetem Kopf beobachtet sie den regen Verkehr auf der Spree, der hauptsächlich aus vorbeischwimmenden Wasserpflanzen und Enten besteht.

Auch jede noch so kleine Wasserlinse, die unseren Weg kreuzt, wird begutachtet. Dabei wird in Sekundenschnelle entschieden, ob das Objekt einen gewagten Sprung hinter Frauchen in die Mitte des Boots wert ist, um es dann an der tiefer gelegten Seite aus dem Wasser zu fischen. Aber irgendwann wird auch der Bootshund TINKER müde und legt sich zu einem Schläfchen hin. Vorn im Bug ist es ihr zu eng, also kriecht sie unter dem Vordersitz hindurch oder klettert über meinen Schoß nach hinten. Ich muss dabei nicht erwähnen, dass diese Kletteraktionen ihrerseits von akrobatischer Höchstleistung unsererseits ausgeglichen werden müssen, damit wir nicht alle mit den Wasserlinsen baden gehen. Zehn Kreuze, wenn der Hund schläft!

Aber in der Mitte des Boots bieten sich schon wieder ganz andere wesentliche Aufgaben für einen Apportierhund. Schlafen kann man schließlich auch zu Hause. Der Kopf wird nun auf dem Bootsrand abgelegt und die Schnauze so weit über die Reling gehängt, dass die Tasthaare ganz sacht die Wasseroberfläche streifen. Und diese Haare nehmen jeden auch noch so kleinen Krümel im Wasser wahr, der da vor sich hin schwimmt. Schnapp! Wieder eine Wasserlinse weniger auf dieser Welt.

Größere Teile, wie Seegras oder Äste, werden unter Mühen ins Boot gezogen und in der Mitte gesammelt. Je nach Lust und Laune – also völlig ohne Vorwarnung und System – wechselt Madam ihre Beuteseite. Inzwischen habe ich vorn einen Beutel in Tinkergewicht liegen, und je nachdem, zu welcher Seite Madam aus dem Boot hängt, wird dieser hin und her geschoben. Bis zur ersten Pause hat sich ein beträchtlicher Berg an Wasserpflanzen, Blättern und Zweigen – wenigstens keine Enten – in der Mitte des Boots angesammelt. Wir könnten damit einen eigenen Komposter auf dem Campingplatz füllen. Allerdings entsorgen wir das Grünzeug meist in gewissen Abständen, denn die Leute an den Schleusen staunen nicht schlecht, wenn wir mit unserem Biokahn daherkommen.

Nach zahlreichen Kilometern auf dem Wasser ist eine Pause unumgänglich. Diese findet entweder an Land oder im Boot statt, während man sich an einem Baumstamm festhält. Beide Pausenarten bieten allerdings ungeahnte Möglichkeiten für unseren Seehund. Während der Pause an Land – bei der TINKER sich wenigstens austoben kann – wird erst einmal wild durchs Unterholz getobt, anschließend ein Bad in der Spree genommen und sich dann genüsslich auf der Wiese bzw. dem, was nach der vorangegangenen Buddelaktion noch davon übrig ist, gewälzt. Ergebnis: Der Hund ist nass und dreckig.

Bei Variante zwei – Pause im Boot – krabbelt TINKER in die Bootsmitte, um das zwischen Frauchen und Herrchen hin und her wandernde Essen zu beobachten. Dabei darf man als Empfänger von Käse oder Brot auf keinen Fall zögern, denn sonst wird das Problem in der Bootsmitte entschieden. Wagen sich allerdings Enten – in der Hoffnung auf einige Brotkrümel – in die Nähe des Boots, wird die Jagdtaktik vom Käse auf die Enten verlagert.

Das heißt, der Hund gleitet mit der Grazie eines Kartoffelsacks aus dem Boot und schwimmt in Richtung der Enten. Aber Enten können ja bekanntlich fliegen und lassen den Hund ganz allein im Wasser zurück – Pech gehabt!

Also möchte Madam wieder ins Boot. Genau an diesen Stellen sind die Uferböschungen natürlich zu steil und der Seehund muss auf demselben Weg ins Boot zurück, wie er hinauskam. Ergebnis: Frauchen und Herrchen haben nur die Hälfte zu essen bekommen, Hund ist nass – aber nicht dreckig –, und Frauchen ist auch nass, weil sie den Hund ins Boot hieven musste.

_ _ *Auf Tauchstation.*

Die restlichen Kilometer bis zum Campingplatz werden in Ruhe und Frieden zurückgelegt: Tinker schläft selig zu meinen Füßen und trocknet – auf meinen Schuhen. Zurück auf dem Campingplatz ist der Hund topfit, ausgeschlafen, trocken und bewegungshungrig, während wir das Boot mit letzter Kraft zum Zelt schleppen. Tinker kann uns noch zu einem kleinen Spaziergang ermuntern, obwohl sich ein Gewitter zusammenbraut. Zehn Minuten wird es schon noch halten! Einen wild hin und her springenden Hund vor uns, laufen wir am Biotop entlang – bewachsen von grünen Wasserlinsen, die sich, einem Rasenteppich gleich, über den Schlamm und Morast ziehen. Es donnert, alle Leute machen sich schnell auf den Weg zurück zu den Zelten. Kein Problem, Hund hergepfiffen und in zwei Minuten sind wir im sicheren Zelt. Pfeifen ja, Madam schaut und rennt … lustig an uns vorbei. Um uns auszutricksen und die Freiheit noch ein wenig länger zu genießen, weicht sie auf die schöne grüne Wiese neben uns aus.

Mit großen Sätzen springt sie direkt in die Wasserlinsen. Ein lautes Pflatsch, der weiße Golden taucht unter und als schwarze Moorhexe wieder auf. Man kann sie jetzt nicht nur sehen, sondern auch riechen!

Mit unserem schwarzen Schaf an der Leine marschieren wir im Sturmschritt im Regen zum Campingplatz zurück, was den Campinggästen, die schon gemütlich in ihrem Zelteingang sitzen, ein breites Lächeln ins Gesicht zaubert. Wenn jetzt noch einer fragt, ob es die Golden-Retriever auch in Schwarz gibt, dann binden wir Tinker an den nächsten Baum! Dürfen Hunde in die Duschen? Nein? Kein Problem, waschen wir sie eben draußen. Für Wasser ist auch schon gesorgt: Es regnet, es schüttet, es gießt aus Eimern, und wir stehen mit dem Shampoo ExtraFrisch am Autowaschplatz und waschen unseren Hund von Moorschwarz über Dunkelgrau bis zu einem zarten Dreckgrau. Der Modergeruch wird langsam von einem leichten Hauch Menthol überlagert, und der Regen tropft nicht mehr auf uns, sondern läuft in kleinen Wasserfällen unter dem Hemd entlang und unten zu den Hosenbeinen wieder hinaus. Der Wolkenbruch geht in einen kräftigen Regen über und wir machen uns ohne Hektik auf den Rückweg, denn eine Steigerung von nass gibt es schließlich nicht. Neben uns, äußerst vergnügt an der Leine springend und hochzufrieden mit dem Shampoo in der Schnauze: unsere Tinker.

HARRY POTTER – EIN LABRADOR KANN ZAUBERN

Der Einzug in mein neues Zuhause war unspektakulär. GIESELA und ihre beiden Vierbeiner hatte ich schon vor ein paar Wochen kennengelernt und ins Herz geschlossen. Ich musste aber noch bei meiner Mama bleiben, die für die notwendige Sozialisierung sorgte. Doch dann war es so weit, der Umzugstag war gekommen und der Abschied von meiner Mutter und meinen Geschwistern fiel mir nicht leicht. Da half auch mein Schnuffeltuch nicht. Die neue Umgebung war noch fremd für mich, aber das sollte sich bald ändern. Zuerst wurden mir alle Räume, mein Schlaf- und Liegeplatz und der große Garten gezeigt. An das Wichtigste hatte Frauchen auch gedacht, ich bekam meinen eigenen Futternapf – Übernachtung mit Vollpension war mir gewiss und ich fühlte mich gleich viel wohler.

Die erste Woche begann ruhig und die Erziehung meines Zweibeiners verlief planmäßig: Wenn ich aufwachte, gingen wir nach draußen, das funktionierte auch nachts – Spielen, Knuddeln und Schmusen inbegriffen. Doch es galt auch, meine neuen Hundegeschwister für mich zu gewinnen. ARAMIS, ein English-Springer-Spaniel, und ALJOSCHA, ein Labrador-Retriever, versuchte ich immer wieder zum Spielen aufzufordern. Aber da beide schon etwas älter sind, zeigten sie wenig Interesse an mir. Und Frauchen war bei der Arbeit.

Was blieb mir also anderes übrig? Ich musste mich allein beschäftigen. Meine kreative Phase begann! Nachdem ich die Wohnung besichtigt hatte, war mir klar – einige Dinge konnten so nicht bleiben.

So begann ich nach sorgfältiger Planung mit der Umgestaltung. Zuerst war die Küche an der Reihe. Die Querstreben der Holzstühle waren unmodern und mussten verkleinert werden. Damit war ich einen Vormittag beschäftigt. Nach vollbrachter Arbeit freute ich mich schon auf die Belohnung. Doch etwas war schiefgelaufen! Waren die Querstreben doch zu dünn geraten? Lob und Leckerli blieben aus, und den Gesichtsausdruck meines Frauchens werde ich nicht vergessen. In der nächsten Zeit verhielt ich mich ruhig und ließ Gras über die Sache wachsen.

Doch der Tag weiterer Aktivitäten kam! Meinen nächsten Arbeitseinsatz verlegte ich ins Wohnzimmer. Möbel, Teppiche, Decken und Kissen übten einen besonderen Reiz auf mich aus. Lange Fäden, die an Teppichen herausstehen, sahen einfach nicht gut aus. Und wozu hatte ich Zähne? Mein Zweibeiner bemerkte die Bescherung erst beim Staubsaugen. War das eine Aufregung!

Weitere Arbeiten und Modernisierungen mussten zeitlich verschoben werden. Lange hielt ich es nicht aus, und bald entschied ich, meine Heimarbeit wieder aufzunehmen.

Der Holzrahmen der Terrassentür gefiel mir überhaupt nicht und musste daher bearbeitet werden; der Holztisch und der Schrank bekamen eine Lochverzierung. Ich werde wohl nie fertig! Eines kann ich euch an dieser Stelle verraten: Meine schönste Erinnerung verknüpfe ich mit den Sofakissen. Schöne weiche Federn im ganzen Haus verteilen, einfach toll! Eine Heidenarbeit, aber es hat viel Spaß gemacht. Wir brauchen an dieser Stelle nicht darüber zu sprechen, was meine Familie dazu sagte, nur so viel, sie hatten weniger Spaß und noch mehr Arbeit.

Dann kam ein ereignisreicher Tag. Für das Esszimmer wurden neue Korbsessel angeliefert. Ich leistete Schwerstarbeit innerhalb weniger Stunden. Die Reaktion meines Zweibeiners möchte ich hier nicht wiedergeben: Die Konsequenzen für mich waren jedoch drastisch! Ich bekam eine Eigentumswohnung mit einem separaten Eingang und Rundumsicht mit Blick in die Küche, das Wohnzimmer und nach draußen: eine Gitterbox.

Meine Heimarbeit hatte nun ein jähes Ende genommen. Ich hörte Frauchen noch sagen: „Deine Zauberei ist vorbei, du bekommst eine neue Aufgabe – eine Dummyausbildung. Da kannst du zeigen, was in dir steckt!" Die Entscheidung war blitzgescheit. Mittlerweile bin ich erwachsen. Gelegentlich juckt es mir noch in den Pfoten, aber ich bin heute ein gut erzogener Retriever.

_ _ *Ich wollte doch nur aufräumen!*

DANKE ~

Liebe Freunde der Retriever!

Ich freue mich, dass Sie sich für dieses Buch entschieden haben. Bevor ich Ihnen die Idee des Buches näher erläutere, möchte ich die Gelegenheit verwenden, um mich zu bedanken.

Zunächst gebührt allen Autoren, Fotografen und Illustratoren mein ganz persönlicher Dank und meine Anerkennung für die Bereitschaft und Unterstützung zur Realisierung des Buches. Des Weiteren möchte ich mich beim KOSMOS VERLAG, Stuttgart, für die gute Zusammenarbeit und Hilfe bedanken, um dieses Projekt umzusetzen. Ein ganz besonderer Dank gebührt VERENA BEGEMANN, der es mit der Liebe zum Detail gelungen ist, aus der Fülle der Geschichten und der Fotos erst das zu machen, was es ist – ein einfühlsames Buch von Retrieverbesitzer für Retrieverbesitzer.

Als Züchter, Ausbilder, Leistungs- und Verbandsrichter im DEUTSCHEN RETRIEVER CLUB (DRC e. V.) habe ich über Jahre regelmäßigen Kontakt zu vielen Retrieverbesitzern. Eine Bitte genügte, um Menschen für diese Idee zu begeistern, ein Buch mit unterschiedlichen Geschichten zu veröffentlichen. Über 90 Erlebnisse und Berichte und eine große Anzahl an schönen Fotos wurden eingereicht. Die Auswahl fiel sehr schwer, denn alle Geschichten waren gewürzt mit Spannung, Emotionen und der Liebe zu dieser wundervollen Rasse.

Ich wünsche Ihnen weiterhin viel Freude mit diesem Buch.

Ihr Carsten Schröder
www.light-and-shadows-labrador.de

CARSTEN SCHRÖDER MIT FANCY
Züchter, Ausbilder, Leistungs- & Verbandsrichter DRC e. V.

ZUM WEITERLESEN ~

Bücher aus dem Kosmos-Verlag

ALLES ÜBER RETRIEVER

Becker-Tiggemann, Margitta &
Veronika Hofterheide:
Golden Retriever

Möller, Anja:
Das Kosmos Buch Labrador Retriever

Rauth-Widmann, Brigitte:
Labrador Retriever

ERZIEHUNG UND DUMMYTRAINING

von Norma Zvolsky

Retrieverschule für Welpen

Die Kosmos Retrieverschule

Trainingsbuch für Retriever
(Begleitbuch für unterwegs)

BESCHÄFTIGUNG

Blenski, Chrisitane:
Hundespiele

Doepp, Simone & Gabriele Metz:
Trick Dogs

KLEINE HUNDEBIBLIOTHEK

Krämer, Eva-Maria:
250 Hunderassen

ERZIEHUNG

Mücke, Anke:
Zufrieden an der Leine

Schöning, Barbara:
Hilfe, mein Hund jagt

Toll, Claudia:
Kommt nicht, gibt's nicht.
So klappt der Rückruf.

ERNÄHRUNG UND GESUNDHEIT

Achner, Heike:
Hausapotheke für Hunde

Rakow, Barbara:
Homöopathie für Hunde

Rauth-Widmann, Brigitte:
1 x 1 der Rohfütterung

HUNDESPRACHE VERSTEHEN

Bloch, Günther:
Wölfisch für Hundehalter

Collins, Sophie:
Schwanzwedeln

Schöning, Barbara:
Hundeverhalten

FÜR GEMÜTLICHE STUNDEN

Bloch, Günther:
Auge in Auge mit dem Wolf

Von der Leyen, Katharina:
Dogs in the City

Hoefs, Nicole & Petra Führmann:
Auf Hundepfoten durch die
Jahrhunderte

NÜTZLICHE ADRESSEN ~

DEUTSCHER RETRIEVER CLUB (DRC)

Dörnhagener Straße 13
D – 34302 Guxhagen

TEL +49 (56 65) 27 74
FAX +49 (56 65) 17 18
MAIL office@drc.de

www.drc.de

GOLDEN RETRIEVER CLUB (GRC)

Siemensstraße 19 A
D – 61267 Neu-Anspach

TEL +49 (60 81) 446 05 06
FAX +49 (60 81) 446 05 05
MAIL grc-geschaeftsstelle@grc.de

www.grc.de

LABRADOR RETRIEVER CLUB (LCD)

Markenweg 2
D – 48653 Coesfeld

TEL +49 (25 41) 926 09 74
FAX +49 (25 41) 926 09 75
MAIL lcd-geschaeftsstelle@labrador.de

www.labrador.de

ÖSTERREICHISCHER RETRIEVER CLUB (ÖRC)

Traunauweg 14
A – 4030 Linz

TEL +43 (6 99) 14 19 19 00
MAIL office@retrieverclub.at

www.retrieverclub.at

RETRIEVER CLUB DER SCHWEIZ (RCS)

Mitgliederdienst
Weiermatt
CH – 3086 Zimmerwald

MAIL mitglieder@retriever.ch

www.retriever.ch

VITA E. V.
VEREIN FÜR ASSISTENZHUNDE

Beratungsstelle Raunheim
Simone Beckert
Gottfried-Keller-Straße 7
D – 65479 Raunheim

TEL +49 (61 42) 16 17 179
FAX +49 (61 42) 16 18 0 90
MAIL info@vita-assistenzhunde.de

www.vita-assistenzhunde.de

IMPRESSUM ~

BILDNACHWEIS

Mit 42 Farbfotos von

ANJA WOLF   www.wolfs-rudel.de   *2 Farbfotos » s:46 / s:67*
CARSTEN SCHRÖDER   www.light-and-shadows.com & www.light-and-shadows-labrador.de   *2 Farbfotos » s:58 / s:59*
CLARISSA MEDICKE   www.dogs-in-motion.de   *5 Farbfotos » s:76 / s:77 / s:86 / s:103 / s:106*
MARCUS LOCKHOFF   www.tingledales.de & www.snaptoweb.de   *2 Farbfotos » s:30 / s:116*
NINA REITZ   www.muschelsucher-labrador.de   *10 Farbfotos » s:20 / s:35 / s:52 / s:64 / s:72 / s:83 / s:109 / s:111 / s:112–113 / s:122–123*
SASCHA FOCK   www.tierphotos.com   *6 Farbfotos » s:27 / s:44 / s:45 / s:90 / s:91 / s:99*
TATJANA KREIDLER   www.vita-assistenzhunde.de   *6 Farbfotos » s:2 / s:4 / s:16 / s:61 / s:72 / s:63 / s:96–97*
THORSTEN ECKHOFF   www.hunde-foto.net   *8 Farbfotos » s:24–25 / s:38 / s:41 / s:54–55 / s:80 / s:81 / s:85 / s:92*
VIVIAN-YASMIN WOLF   www.witch-hazels.de   *2 Farbfotos » s:10 / s:48*

ILLUSTRATIONEN

MAREIKE REIMERS   www.arwenthepug.de
VERENA BEGEMANN   www.eyecon.de

UMSCHLAGGESTALTUNG

VERENA BEGEMANN   unter Verwendung eines Farbfotos von NINA REITZ   www.muschelsucher-labrador.de

Unser gesamtes lieferbares Programm und viele
weitere Informationen zu unseren Büchern,
Spielen, Experimentierkästen, DVDs, Autoren und
Aktivitäten finden Sie unter www.kosmos.de

Gedruckt auf chlorfrei gebleichtem Papier

© 2010, Franckh-Kosmos Verlags-GmbH & Co. KG, Stuttgart.
Alle Rechte vorbehalten
ISBN 978-3-440-12208-2
Redaktion HILKE HEINEMANN
Buch- und Gestaltungskonzept VERENA BEGEMANN www.eyecon.de
Gestaltung und Satz VERENA BEGEMANN www.eyecon.de
Produktion EVA SCHMIDT / KATRIN INDRA
Printed in The Czech Republic / Imprimé en République Tchèque

FSC
Mix
Produktgruppe aus vorbildlich
bewirtschafteten Wäldern,
kontrollierten Herkünften und
Recyclingholz oder -fasern